从新手到高手

文心一言
从新手到高手

（写作+绘画+教育+编程+助手）

姜旬恂 乔通宇 / 编著

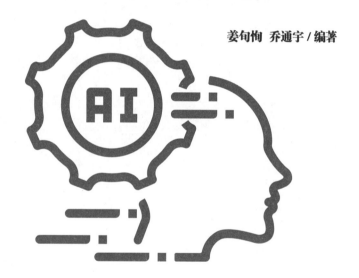

清華大学出版社
北 京

内 容 简 介

文心一言是百度推出的一款基于大语言模型的生成式AI产品，本书详细介绍了其在不同领域的应用方法，是一本全面、详尽的文心一言使用指南。

本书共8章，依次讲解了文心一言的基础知识、创意写作、零基础绘画、数据分析、营销文案写作、职场百宝箱、求职招聘、教育教学、学生学习、编程辅助、生活顾问、插件、文心一言App和文心一格等功能和应用技巧。

本书适合对文心一言感兴趣的初学者、爱好者以及希望利用人工智能提高工作、学习效率或生活质量的人群阅读。

图书在版编目（CIP）数据

文心一言从新手到高手：写作+绘画+教育+编程+助
手 / 姜旬恂, 乔通宇编著. -- 北京 : 清华大学出版社,
2024. 7. -- (从新手到高手). -- ISBN 978-7-302
-66622-6

Ⅰ. TP18；TP311.561

中国国家版本馆CIP数据核字第2024RV4036号

责任编辑：陈绿春
封面设计：潘国文
责任校对：胡伟民
责任印制：丛怀宇

出版发行：清华大学出版社
   网   址：https://www.tup.com.cn，https://www.wqxuetang.com
   地   址：北京清华大学学研大厦A座   邮 编：100084
   社 总 机：010-83470000   邮 购：010-62786544
   投稿与读者服务：010-62776969，c-service@tup.tsinghua.edu.cn
   质量反馈：010-62772015，zhiliang@tup.tsinghua.edu.cn
印 装 者：北京联兴盛业印刷股份有限公司
经 销：全国新华书店
开 本：188mm×260mm   印 张：12.25   字 数：306千字
版 次：2024年8月第1版   印 次：2024年8月第1次印刷
定 价：88.00元

产品编号：105203-01

前 言

在过去的几年里，我们见证了AIGC（生成式人工智能）技术在自然语言处理领域的飞速发展。正是在这样的背景下，百度全新一代的知识增强大语言模型——文心一言应运而生。它在2023年3月正式面向大众开放，仅两个月后用户数便高达7000万，将AI技术的应用推向了新的高度。文心一言作为其中的佼佼者，已经在多个领域展现出惊人的实力，包括智能客服、情感分析、机器翻译等。然而，对于普通用户来说，如何充分利用这一技术仍然是一个难题。为此，我们决定撰写这本书，为读者提供一份详尽的指南，帮助读者了解、掌握并充分利用文心一言。

本书特色

本书的主要内容涵盖了十多个应用领域，通过135个实际案例让读者从应用AI的新手成为高手。全书采用案例式教学，从基础介绍入手，避免枯燥难懂的理论知识，提供生动、详细的使用说明。无论读者是希望激发创意写作上的灵感，还是提升日常工作的效率，甚至是解答生活中的小疑惑，文心一言都能展现出其强大的能力。

本书不仅介绍了文心一言的使用方法，还详细介绍了文心一言App和百度旗下的"文心一格"的使用方法和技巧，帮助读者全方位感受AIGC应用所带来的便利。

主要内容

本书共8章，具体介绍如下。

第1章：主要讲解文心一言的发展历程和基础使用技巧。

第2章~第6章：详细介绍文心一言在工作、学习、绘画等领域的应用实例，包括数据分析、文本创作、教学实例等。

第7章：主要讲解如何运用文心一言的3个插件完成文本摘要、图像分析、图片解析等任务。

第8章：主要介绍文心一言App和百度旗下的"文心一格"的基础功能和使用方法。

本书还赠送文心一言提示词实例，帮助读者更快地掌握文心一言和文心一格的使用方法，实现从新手到高手的迅速转变。

适用人群

- 对高效办公有需求的上班族。
- 对文心一言感兴趣的初学者及爱好者。
- 希望提高学习效率的学生。
- 对人工智能感兴趣的人群。

学习方法

在阅读本书时，建议读者结合自己的实际情况和需求，有针对性地选择章节进行学习。同时，由于AI（人工智能）技术发展迅速，本书所提供的信息和操作方法可能会有所更新和变化，因此建议读者在实际应用中保持灵活和开放的心态，结合最新的技术和资源进行学习和实践。

本书作者

本书由吉林师范大学新闻与传播学院姜旬恂和北京煜华年互动传媒有限公司乔通宇编著。在编写本书的过程中，作者以科学、严谨的态度，力求精益求精，但疏漏之处在所难免，如果有任何技术上的问题，请扫描右侧的二维码，联系相关的技术人员进行解决。

技术支持

作者

2024.4

目 录

第 1 章

初识文心一言：令人惊叹的语言模型

大语言模型的出现改变了许多领域，包括人工智能、自然语言处理、计算机视觉等。文心一言作为一款在中文领域表现出色的语言大模型，其用途十分广泛，在处理中文文本时能完整理解中文的语义、语法和上下文关系，满足中文用户的需求。此外，由于文心一言是百度公司开发的大语言模型，这使其能理解和适应用户输入的各种类型和方言的文本，生成的回答更能体现中国的文化、习俗和社会环境。

1.1 · 文心一言的诞生：深度学习的秘密

深度学习属于一种人工智能技术，指用深度神经网络结构进行模型训练的结构。本节将讲述什么是语言模型，其在自然语言处理任务方面的强大能力，以及其背后的故事和发展历程，深入讲解文心一言给人们的工作和生活带来的影响。

1.1.1 什么是语言模型

文心一言背后的技术是大语言模型（LLM）的应用。

1.大语言模型的定义

大语言模型（Language Large Model，LLM）指的是那些利用大规模参数和训练数据进行深度学习的模型，它们通过训练大量的文本数据来生成类似人类所产生的文本。简而言之，大语言模型就是一个能够理解和生成自然语言的AI系统。在这些模型中，神经网络通过学习海量的语料数据，可以自动提取自然语言文本中的特征和模式，进而实现自然语言的理解和生成。

2.大语言模型的历史

大语言模型的发展可以追溯到早期基于神经网络处理的语言模型，如RNN、N-gram等。随着计算机硬件和数据资源的不断升级，神经网络模型在自然语言处理领域也取得了长足的进步。基于循环神经网络（RNN）和长短时记忆网络（LSTM），人们提出了更加深度和复杂的语言模型。

Transformer架构的出现解决了传统RNN的一些固有缺陷。Transformer是一种基于注意力机制的序列到序列模型，特别适用于处理序列数据，并在自然语言处理任务中表现出色。

GPT（生成式预训练）模型的推出标志着大语言模型开始崭露头角。该模型在各种自然语言处理任务中都取得了显著成效。随后，GPT二代模型的发布在生成自然语言文本方面展现出更为卓越的性能。

与此同时，BERT（双向编码器表示转换）推动了预训练模型的发展。它采用双向预训练方法，显著提升了模型对上下文的理解能力。这些进展共同推动了大语言模型在自然语言处理领域的广泛应用和持续发展。

表1-1展示了大语言模型发展历程。

表 1-1

时间段	模型类型	时间段	模型类型
20世纪初	基于n-gram的语言模型	21世纪初	基于神经网络的语言模型
2000年	递归神经网络语言模型	2010年	长短时记忆网络语言模型
2010年	门控循环单元语言模型	2020年	大规模预训练语言模型

3.大语言模型的训练方式

大语言模型的训练方式通常为两个步骤：预训练（Pre-training）和微调（Fine-Tuning）。

预训练（Pre-training）：预训练是语言模型学习的初始阶段。在这一阶段，模型会接触到大量的未标记文本数据，如书籍、文章和网站内容等，并在这些数据上进行训练。预训练的主要目标是捕获文本语料库中存在的底层模式、结构和语义知识。

微调（Fine-Tuning）：微调是在预训练阶段之后进行的，它使用特定任务的有标签数据对模型进行进一步的训练和调整参数，以使模型在目标任务上获得更好的性能。这些任务可以包括文本生成、机器翻译、情感分析等。通过微调，可以使大语言模型（LLM）更具针对性和可解释性，有助于调试和理解模型的行为。

1.1.2　文心一言是什么

文心一言（ERNIE Bot）是百度推出的全新一代知识增强大语言模型，同时也是文心大模型家族迎来的新成员。作为百度在人工智能领域深耕数十年的成果，它是国内首个面向大众的生成式对话产品。文心一言拥有丰富的语言库和词汇量，能够与人进行对话互动、协助创作、回答问题，帮助用户高效、便捷地获取所需的信息、知识和灵感。

文心一言是基于"飞桨"深度学习平台和文心知识增强大模型开发的，它能够从海量数据和大规模知识中持续融合学习，不断提升自身的语言处理能力和知识储备。在2023年8月31日正式向大众开放后，文心一言在文学创作、智能家居、金融、教育、医疗健康等领域发挥了重要作用，并获得了广泛应用。

1.1.3　文心一言背后的故事与历程

文心一言是百度依托飞桨、文心大模型技术研发的知识增强大语言模型。它能够与人对话互动、回答问题、协助创作，高效便捷地帮助人们获取信息、知识和灵感。此外，基于百度自研的ERNIE模型，文心一言还具备多语言翻译能力，可以助力用户轻松进行跨语言交流。

"文心一言"这个名字的灵感来源于中国传统文化中的"一心"概念，寓意着专注与一致。在文心一言的设计中，这一理念得到了充分体现。该模型以人工智能技术为核心，将用户的需求和问题放在首位，致力于提供准确、高效的信息和知识服务。同时，它也强调了与用户之间的互动和沟通，旨在为用户带来更加便捷、个性化的体验。

文心一言不仅代表了百度在人工智能技术方面的创新和突破，更融入了中国传统文化中的"一心"理念。通过结合先进技术与传统文化，文心一言旨在为用户提供更加优质、高效的信息和知识服务，让科技更好地服务于人们的生活。

此外，百度在自然语言处理、机器翻译和深度学习领域的研究历程也值得一提。自2010年起，百度便开始在这些领域进行深入探索，并逐步形成了一套完善的人工智能技术体系。2017年，百度宣布开放深度学习平台——飞桨，为开发者提供了丰富的AI工具和资源。随后，在2019年，百度相继发布了ERNIE和ERNIE2.0人工智能系统，这些系统基于PaddlePaddle深度学习平台打造，具备强大的自然语言处理、语音识别和图像识别等功能，已广泛应用于各个领域和场景。最终，在2023年8月31日，文心一言正式面向大众开放，标志着百度在人工智能领域又迈出了重要的一步。

1.1.4　文心一言的影响和应用范围

随着技术的不断创新、发展、完善和应用，文心一言将成为数字化时代的重要推手。大语言模型的发展让自然语言处理领域取得了巨大的进展，使我们能够更加高效地处理与文本和自然语言相关的任务。

文心一言的应用场景十分广泛，包括自然语言生成、图像生成、数据分析、对话系统、文本分类、代码编写、机器翻译等。在教育、医疗、文学、金融等领域，它能够帮助人们快速准确地获取信息和知识。在企业使用场景中，文心一言可以加速企业自动化进程，降低成本，提高工作效率和质量。

文心一言的出现进一步证明了人工智能技术正在不断地发展和完善。作为中国首个大语言模型，它在各领域展现出了巨大的潜力和影响力，标志着人工智能领域又迈出了重要的一步。

1.2 · 文心一言快速入门：跨越新手村

本节将为初次接触文心一言的用户提供一份详尽的快速入门指南，旨在帮助用户更好地掌握和使用该产品。通过学习，用户将能够熟练掌握文心一言的注册与登录流程，并全面了解其页面布局及核心功能。

1.2.1　注册与登录

前面对文心一言的发展史、核心技术、应用范围等进行了深入讲解。接下来将详细介绍文心一言的注册及登录这两个步骤，帮助读者轻松进入文心一言的界面。

01　在浏览器中搜索"文心一言"，找到并进入官网，如图1-1所示，单击"登录"按钮进入登录页面。

02　单击右下角"立即注册"按钮后注册账号，如图1-2所示。

图 1-1　　　　　　　　　　　　　　　　　　　图 1-2

03　输入用户名、手机号、密码、验证码，选中下方的"阅读并接受"复选框后，单击"注册"按钮完成注册，如图1-3所示。

04　完成注册后，返回"文心一言"登录界面。在登录界面中，输入已注册的用户名、邮箱或手机号，再输入密码，单击"登录"按钮登录。也可以使用短信登录的方式，在界面中输入手机号并单击"发送验证码"链接，输入验证码后即可登录文心一言，如图1-4所示。

图 1-3   图 1-4

1.2.2 页面与功能介绍

文心一言利用自然语言处理和机器学习技术，能够深入理解和解析用户的语言，从而为用户提供更加智能化的交互体验。用户只需通过输入简单的对话，即可轻松获取所需的信息和帮助，极大地提高了使用的便捷性和效率。此外，用户还有机会更深入地领略人工智能技术的魅力和潜力。同时，用户的反馈和使用数据对人工智能技术的发展和应用具有重要意义。它们可以为技术的优化和进步提供有价值的参考和支持，进而推动人工智能技术不断向前迈进。下面，将通过图1-5来帮助用户更直观地了解和使用文心一言。

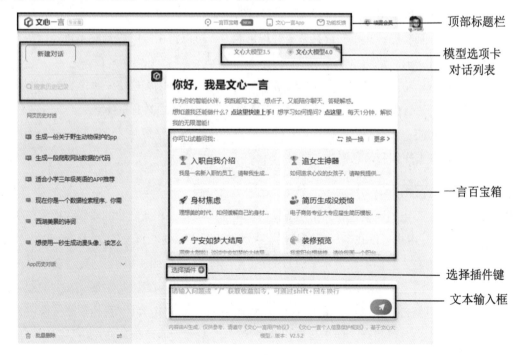

图 1-5

- 顶部标题栏：可以单击文心一言Logo重新进入文心一言官网，也可以单击进入一言百宝箱，或者选择下载文心一言App。此外，如果对文心一言有任何功能反馈，也可以在这里进行提交。
- 模型选项卡：此处提供文心大模型的不同版本选项。文心大模型4.0在模型规模、训练数据、训练技术、任务类型、预训练模型、跨模态能力和安全性等方面都进行了全面的改进和扩展，旨在为用户提供更强大、更灵活、更安全的大语言模型工具。
- 对话列表：可以在此处新建对话、删除不需要的对话或保存历史对话记录。
- 一言百宝箱：这里汇集了大量的Prompt，方便用户在使用文心一言时快速找到所需的提示和灵感。
- 选择插件键：通过单击"选择插件"按钮后方的+按钮，可以方便地选择所需的插件。同时，还可以进入"插件商城"进行插件的安装与卸载操作。
- 文本输入框：在这里输入相应的文本或问题，即可与文心一言进行对话交流。

文心一言是一个基于自然语言处理技术的人工智能模型，拥有多种功能供用户根据需求自由选择。以下是对文心一言主要应用功能的详细介绍。

- 聊天对话功能：文心一言能够通过自然语言与用户进行对话，不仅能回答用户的问题，还能提供有价值的建议。这一功能在多个场景下都能发挥作用，如辅助写作创作、生成AI绘画图像以及解决技术难题等。
- 文本摘要功能：只需输入一篇文章或段落，文心一言便能根据语言模型生成相应的摘要。这有助于用户快速掌握文章或段落的主要内容，从而节省阅读时间和精力。
- 语音识别功能：文心一言具备语音识别能力，可以将用户的语音输入转换为文本，并进行进一步的处理和分析。
- 机器翻译功能：文心一言支持多语言之间的翻译，可以轻松将一种语言的文本转换成另一种语言的文本。这一功能对于解决跨语言沟通问题具有重要意义。
- 问答功能：文心一言能根据用户的提问自动搜索相关答案并进行回复。这为用户快速获取各类知识和信息提供了捷径。

1.2.3　一言百宝箱

文心一言的百宝箱面板包含五个主要模块：精选、场景、职业、我的收藏和搜索指令。在"精选"模块中，用户可以找到"今日热门""大家都在问""提效max""AI画图"以及"最近更新"这五项内容，它们不仅展示了每日的热门搜索，还能为用户提供灵感；"场景"模块则提供了丰富多样的主题指令，让用户能更轻松地根据特定主题场景进行对话；在"职业"模块里，用户可以根据自身职业类型，选择相应的指令来生成所需内容；"我的收藏"模块允许用户收藏百宝箱中的各种指令，便于日后快速查找和使用；"搜索"模块使用户只需输入关键词或需求，一言百宝箱就能迅速弹出相关的指令内容，大幅提升了用户的使用体验。整个使用过程简洁明了，如图1-6所示。

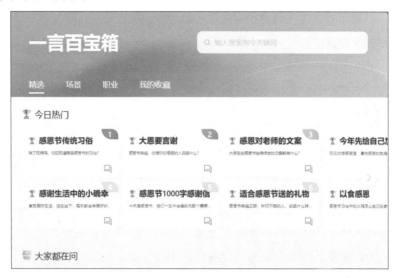

图 1-6

1.3· 人机共舞：如何更好地使用文心一言

本节将提供一份关于如何更有效地使用文心一言的全面指南。内容涵盖从基本使用原则到高级应用技巧的多个层面，旨在帮助用户充分挖掘文心一言的潜力，实现更加高效、准确的人机交互体验。

1.3.1 量化要求

接下来，我们将深入探讨如何利用文心一言来量化和评估各种要求和标准。量化要求是将抽象、主观的需求转化为具体、可衡量的指标的过程，这对于确保项目或任务的顺利进行以及准确评估至关重要。文心一言作为一种强大的自然语言处理工具，在帮助用户更加有效地制定和管理量化要求方面发挥着重要作用。以下是在利用文心一言进行量化要求时需要注意的几点。

- 准确度：在使用文心一言进行文本生成或理解时，可以设定准确度指标。例如，你可以提出："请撰写一篇时长为3分钟的广告视频脚本，确保内容准确、符合品牌调性。"
- 多样性：文心一言在文本生成或推荐方面展现出多样性。你可以设定具体的多样性要求，以满足不同场景和需求。例如，"国庆长假出游，请为我写一份三天两晚的旅游攻略，包含特色景点和推荐餐馆，内容不超过500字，并确保体验丰富多样。"
- 速度：对于文心一言的处理速度或响应时间，你可以设定时间限制，以确保在规定时间内完成处理和返回结果。例如，"请在30秒内写一段描述西湖美景的散文诗。"

- 语言处理能力：文心一言具备一定的语言处理能力，如文本分类、实体识别、关系抽取等。在提出要求时，请使用简洁明了的语言，避免使用过于复杂的语法和词汇，以便更好地发挥其功能。

- 多轮对话：文心一言支持多轮对话功能，这有助于在多个轮次中获得更多信息和反馈。你可以根据需要进行多轮对话，以便文心一言更全面地了解和满足你的需求。

案例实战

**：描写女子初中篮球比赛。

**：篮球场上，女子初中篮球赛激战正酣。双方队员身着鲜艳球衣，精神抖擞，她们在场上快速移动，展现出女性的灵活与敏捷。

随着裁判哨声响起，比赛正式开始。篮球在她们手中快速传递，伴随着"嘭嘭"的拍球声，气氛愈发紧张激烈。她们跃起投篮，身姿矫健，篮球在空中划出一道道优美的弧线，让人目不暇接。

防守、进攻、抢篮板……她们在场上奋力拼搏，每一个动作都充满了力量与美感。汗水湿透了球衣，但她们的眼神依然坚定，充满了对胜利的渴望与追求。

观众们为她们的精彩表现欢呼鼓掌，每一次进球都引发阵阵喝彩。他们的掌声和呐喊声是对这些女生勇气和毅力的最好点赞。这场比赛不仅展现了女子初中生的高超篮球技艺，更彰显了她们坚韧不拔、勇往直前的女性力量。

**：描写女子初中篮球比赛，要求文笔生动凸显女子力量，字数不超过500字。

**：阳光斜洒在篮球场上，照耀着正在激战的女子初中篮球赛。双方队员如矫健的猎豹，身姿挺拔，目光如炬，她们是力量的象征，是青春的代言人。

比赛开始，篮球在她们手中飞舞，传递着信念与决心。每一个动作都透露出女性的柔韧与坚韧。她们跃起抢球，身轻如燕，仿佛在空中划出一道道优雅的弧线；她们冲刺时，脚步坚定，带着一股不可阻挡的气势。

在比赛中，她们展现了女性的独特魅力。不仅拥有出色的身体素质，更有着精湛的技巧和敏锐的洞察力。她们善于捕捉对手的弱点，抓住每一个机会突破防线；她们的投篮准确而果断，每一次进球都是对自我的超越。

汗水洒在场上，见证了她们的奋斗与拼搏。眼神坚定而炽热，透露出对胜利的渴望与追求。她们在场上相互鼓励，团结一心，共同面对挑战，用勇气和坚持书写着女性力量的光辉篇章。

这场比赛不仅是一场篮球的竞技，更是一次对女性力量的颂扬。女子初中篮球队员们用她们的汗水和努力，证明了女性同样可以在篮球场上展现出惊人的力量和魅力。她们是未来的希望，是女性力量的杰出代表。

1.3.2　清晰指令

如何向文心一言发出清晰、明确的指令，以确保其准确理解和执行用户的意图，是使用文心一言的基本要求。在与文心一言进行交互时，给出清晰指令对于获得满意的结果至关重要。以下将提供一系列实用的技巧和策略，帮助用户优化指令的表达方式，从而提升与文心一言的沟通效果。

- 使用简单的语言：尽量使用简洁明了的语言，避免使用过于复杂或专业的术语，同时不要使用模棱两可的表述，确保指令易于理解。例如，"请写一篇关于文心一言的文章，不超过500字。"这样的指令具体明确，有助于文心一言准确回答。
- 指令应没有错别字、语序错误、标点错误：指令应不包含错别字、语序错误或标点错误，因为这些错误可能会影响文心一言对指令的理解。
- 指令包含完整信息：如果指令不完整，会导致文心一言理解不到位，需要进行多轮对话补充信息或纠正文心一言的回答方向。通常指令包含具体指令、背景信息、具体内容、输出要求4个要素。

案例实战

👤：国庆假期我想去北京旅游，给我写一份详细的三天两晚，包含吃喝玩乐的旅游攻略。

🤖：当然，以下是一份详细的三天两晚北京旅游攻略，包含了你可能感兴趣的吃、喝、玩、乐各个方面。

第一天：探访古都韵味

上午：天安门广场和故宫

天安门广场：早上观看天安门广场的升旗仪式，然后参观广场周边的人民英雄纪念碑和毛主席纪念堂。

故宫：从天安门广场步行至故宫，游览中国最大的古代宫殿群，了解明清两朝的历史和文化。

中午：王府井小吃街

在王府井小吃街品尝各种北京特色小吃，如炸酱面、豆汁、北京烤鸭等。

下午：南锣鼓巷和后海

南锣鼓巷：游览这条充满老北京风情的胡同，逛逛特色小店，体验传统手工艺。

后海：在南锣鼓巷附近的后海地区，可以欣赏到美丽的湖景和古老的胡同建筑，还可以体验划船等水上活动。

晚上：簋街夜市

在簋街夜市品尝更多的北京美食，感受北京的夜生活。

第二天：自然与历史的融合

上午：长城（八达岭段）和明十三陵

长城：乘车前往八达岭长城，攀登长城，感受古代军事防御工程的雄伟与神秘。

明十三陵：游览明朝皇家陵墓群，了解明朝历史和文化。

中午：长城脚下的农家乐

在长城附近的农家乐品尝乡村美食，体验乡村生活。

下午：颐和园

游览颐和园，欣赏皇家园林的美丽景色和精致建筑。

晚上：三里屯酒吧街

在三里屯酒吧街享受北京的夜生活，品尝各种酒水和小吃。

第三天：现代与艺术的碰撞

上午：798艺术区和奥林匹克公园

798艺术区：游览这个充满现代艺术气息的区域，参观各种画廊和艺术展览。

奥林匹克公园：参观鸟巢、水立方等奥运场馆，感受奥运精神和现代建筑的魅力。

中午：五道口美食街

在五道口美食街品尝各种国际美食，感受北京的多元化。

下午：圆明园和北京大学

圆明园：游览圆明园遗址公园，了解清朝皇家园林的历史和文化。

北京大学：参观中国著名高校北京大学，感受学术氛围和校园环境。

晚上：国家大剧院和长安街夜景

国家大剧院：在国家大剧院观赏一场音乐会或戏剧表演，享受艺术的盛宴。

长安街夜景：沿着长安街漫步，欣赏北京的夜景和灯光秀。

1.3.3 提前终止与重新生成

在使用文心一言这类智能对话系统时，掌握提前终止和重新生成回复的技巧，对于提高交流效率和用户体验至关重要。本节将深入探讨如何在不同情境下灵活运用这些技巧，以确保对话的流畅性和准确性。

发出指令后，若需要提前终止内容生成，可单击对话框左下角的"停止生成"链接，如图1-6所示。这一操作有助于在对话偏离主题或生成内容不符合预期时及时中断，避免浪费时间和资源。

若需要重新生成指令内容，可以单击对话框左下角的"重新生成"链接，如图1-7所示。这一功能在对话系统误解用户意图或生成内容存在错误时尤为实用，通过重新生成可以获得更符合需求的回复，如图1-8所示。

请注意，在使用这些技巧时，应根据具体情境和需求灵活选择，以达到最佳的交流效果。同时，熟悉并掌握对话系统的各项功能，也将有助于提升用户在使用过程中的满意度和体验。

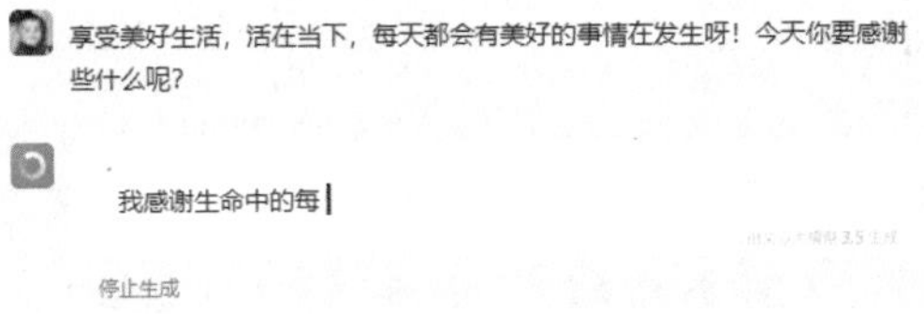

享受美好生活，活在当下，每天都会有美好的事情在发生呀！今天你要感谢些什么呢？

我感谢生命中的每|

停止生成

享受美好生活，活在当下，每天都会有美好的事情在发生呀！今天你要感谢些什么呢？

非常感谢你的提醒，确实，美好生活就

已停止生成

重新生成

图 1-7 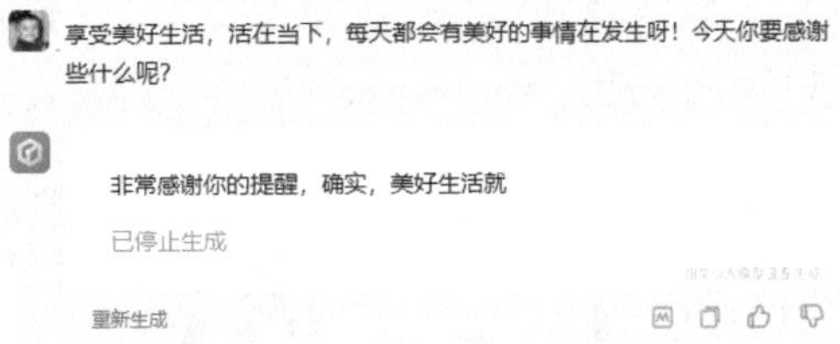　　　　　　　　　　　　　　　　　　　图 1-8

1.3.4　保持对话连贯性

如何在使用文心一言时保持对话的连贯性，确保交流的顺畅和高效？接下来的内容将涵盖理解对话上下文、维持话题一致性、运用衔接手段等方面，以帮助用户在与文心一言进行交互时构建逻辑清晰、连贯的对话。

- 理解对话上下文在使用文心一言时至关重要，它的重要性体现在以下几个方面。
- 通过理解对话的上下文，用户可以确保自己的输入与之前的对话内容保持一致，避免产生断裂或跳跃，从而建立更加流畅和连贯的对话。
- 对话上下文包含了用户的意图、需求和背景信息。通过理解这些信息，文心一言能够更准确地把握用户的意图，从而提供更加贴切和有用的回应。
- 理解上下文有助于文心一言在对话中引入相关的话题和细节，进一步丰富对话内容，促进用户与文心一言之间的深度互动。

为了保持对话的连贯性和高效性，用户可以采取以下策略：首先明确对话的主题和目的，使用简单易懂的词汇，并及时回应，以保持问题和回答之间的连贯性。在对话过程中，避免跳跃话题或者突然引入不相关的内容。适当的停顿和等待时间可以帮助你更好地思考和组织语言。同时，简要回顾之前的对话内容也是一个好方法，例如，"关于刚刚提到的那个餐厅，它的地址在哪里？"这样有助于文心一言更好地把握问题的核心并给出更准确的回答。最后，耐心交流并多次提问也是获得更好回答的关键。

此外，在维持话题一致性方面，用户应确保对话围绕一个中心主题展开，避免偏离主题太远。当需要转换话题时，也应做好过渡和衔接，使对话保持连贯性。

在运用衔接手段方面，用户可以使用一些连接词、短语或句子来连接上下文，使对话更加流畅和自然。例如，"另外""而且""然而"等词语都可以用来连接不同的话题或观点。

总之，通过理解对话上下文、维持话题一致性、运用衔接手段等方法，用户可以在与文心一言进行交互时构建更加逻辑清晰、连贯的对话，从而提高交流效率和用户体验。

案例实战

我喜欢看小说，有哪些作家值得推荐吗？

如果你喜欢看小说，以下是一些中国当代小说家供你参考：

1.莫言：2012年莫言获得诺贝尔文学奖，是第一位获得该奖项的中国籍作家。他的作品风格独特，深刻地反映了社会现实和人性的复杂性。

2.阿来：他的作品以藏族文化为背景，具有浓郁的民族风情和深刻的社会意义。他的小说《尘埃落定》获得了茅盾文学奖。

3.余华：他的作品以简洁、犀利、深刻的笔触描绘了社会现实和人物命运。他的代表作《活着》《许三观卖血记》等作品深受读者喜爱。

🧑：你刚刚提到的余华，他还有什么其他作品吗？

🤖：余华的作品丰富多样，包括长篇小说、中篇小说、短篇小说、随笔等。他的作品风格独特，深刻地反映了社会现实和人性的复杂性。以下是一些他的代表作品：

1.长篇小说《活着》：讲述了主人公福贵的人生经历，他经历了家庭的破裂、社会的变迁和个人的苦难，最终以一种深刻的方式理解了生活的意义。

2.中篇小说《许三观卖血记》：讲述了一个平凡人物许三观的一生，他通过卖血来维持生计，经历了人生的高峰和低谷，最终以一种意想不到的方式走完了他的一生。

3.短篇小说《十八岁出门远行》：讲述了一个18岁的少年第一次离开家乡，走到外面的世界。他的经历充满了挫折和困惑，但同时也充满了希望和可能。

4.随笔《活着不是为了写作》：探讨了写作的意义和价值，以及作家在社会中的角色和责任。

1.3.5 纠正回答进行多轮对话

在纠正文心一言的回答时，建议根据上下文内容明确表达你的观点，让它清楚你需要纠正的具体内容，同时也可以向它提供正确的信息。如果你觉得文心一言的回答有误或不够完整，可以通过引导对话的方式进行纠正，确保每一次回应都与上下文紧密相关，这样有助于它更好地理解你的意图并准确地进行回答。

案例实战

🧑：请作为本地人为我推荐长沙特产，要求价格适中，易于携带。

🤖：作为长沙的本地人，很高兴向你推荐一些价格适中且易于携带的特产。

糖油粑粑：这是长沙的传统小吃，由糯米粉和糖制成，经过油炸后口感酥脆，甜而不腻。它的价格实惠，非常适合作为伴手礼送给亲朋好友。

长沙臭豆腐：虽然名字听起来不太吸引人，但长沙臭豆腐却是一道非常受欢迎的小吃。它外焦里嫩，口感鲜辣，独特的味道让人难以忘怀。你可以选择真空包装的臭豆腐，方便携带且能保持其独特口感。

湖南酱板鸭：这是一道非常有名的湖南特产，选用本地水鸭，经过特殊工艺腌制、风干和烤制而成。成品色泽深红，皮肉酥香，酱香浓郁。真空包装的酱板鸭易于携带，是送给亲朋好友的不错选择。

姊妹团子：这是湖南省的地方特色小吃，由糯米制成，外观美观且口感出色。你可以选择购买包装好的姊妹团子，作为伴手礼或自己品尝。

铜官陶器：铜官陶器是长沙的传统工艺品，历史悠久，工艺精细。你可以选择购买一些小巧的陶器作为纪念品或送给亲朋好友。

白沙液：这是长沙特产的名酒，属于兼香型大曲酒。如果你喜欢品酒或想带一瓶有特色的酒回去，白沙液是一个不错的选择。

沩山毛尖：作为湖南十大名茶之一，沩山毛尖在长沙也极受欢迎。你可以选择购买一些茶叶作为伴手礼或自己品尝。

以上这些特产都可以在长沙的大型超市、特产店或网上购买。希望这些推荐能帮助你更好地了解和体验长沙的文化和美食！

🧑 : 可以推荐一下长沙周边地方的特产吗？

📎 : 当谈到长沙及其周边地区的特产时，以下是一些值得推荐的选项：

湘绣：湘绣是湖南的传统特色手工艺品，以其浓郁的湘楚地方文化特色和高超的刺绣艺术而闻名天下。它是中国的四大名绣之一，沙坪被誉为"中国湘绣之乡"。

金井毛尖：属于红茶系，口味甘甜，回味无穷。茶叶是生活中比较常用的，无论是送给长辈还是自己喝都是很好的选择。

棕编：湖南棕编是采用棕叶和棕叶心加工编制的各种动物或者景物的工艺品，其生动形象且不变形，非常有纪念价值，同时也是非常受欢迎的儿童玩具。

石雕：浏阳石雕由一种非常奇特的岩石雕刻而成，其中可以刻制为砚石、花瓶等装饰工艺品，作为礼物或家用装饰都非常好。

君山银针：中国十大名茶之一，产于岳阳洞庭湖中的君山，形细如针，故名君山银针。

此外，攸县豆腐、醴陵陶瓷、湘潭的灯芯糕和邵阳茶油也是长沙周边地区的知名特产，都值得推荐。这些特产不仅具有独特的风味和工艺，而且很多都有深厚的历史和文化背景，无论是自己品尝还是作为礼物赠送，都是不错的选择。

1.3.6　使用文心一言插件

插件是指在大语言模型原有的既定能力基础之上，通过借助插件来扩展其能力边界。为了更加灵活和安全地扩展文心一言的功能，文心一言现已推出6个官方插件，并且支持同时使用其中的3个插件，以便更好地适应不同场景的需求。

在输入框的左上方，用户可以找到插件的入口。在插件面板中，官方提供了6个插件供用户选择和使用。表1-2详细介绍了这6个插件的名称及其主要功能，以便用户能够根据自己的需求选择合适的插件进行使用。

表1-2

功能类型	插件名称	主要功能
写作辅助	识图解画	基于图片进行文字创作、回答问题
	览卷文档	基于文档完成摘要、问答、创作等任务，通过插件上传文档后，可针对文档中的内容进行回答
数据分析	E言易图	基于Apache Echarts为你提供数据洞察和图表制作，目前支持柱状图、折线图、饼图、雷达图、散点图、漏斗图、思维导图（树图）
	TreeMind树图	提供智能思维导图制作工具和丰富的模板。支持脑图、逻辑图、树形图、鱼骨图、组织架构图、时间轴、时间线等多种专业格式
搜索增强	商业信息查询	提供商业信息检索能力，用于查企业工商/上市等信息、查老板任职/投资情况
	百度搜索	保证生成更实时准确的信息

## 第 2 章

文心一言：助你激发创造力

本章将从写作和绘画两个方面，详细阐述文心一言的功能，并深入探讨在使用文心一言进行创作时，需要注意的基本事项。我们将深入了解文心一言的特性和功能，这包括其基于深度学习技术的强大语言生成能力，以及为用户提供的丰富多样的创作资源和工具。通过这样的探讨，希望能够帮助用户更好地利用文心一言进行创作，并充分发挥其潜力。

2.1 · 创意写作：灵感来源新思路

本节将探讨在利用文心一言进行创意写作时，如何运用多种方法激发创作灵感。我们将从多个角度出发，详细阐述不同的创作方式，如剧本、诗词、视频脚本的创作，公众号推文的撰写，以及情感表达内容和标题的编辑等。通过具体实例，展示这些方法在文心一言创意写作中的重要性和实用性，旨在为创作者提供新的视角和启示，帮助其更好地发掘和利用创作潜力。

2.1.1 剧本创作

随着影视行业的蓬勃发展，越来越多的人开始涉足剧本创作领域。文心一言作为一款智能创作工具，能够为创作者提供剧本创作的关键要素——人物关系、场景和情节，从而助力其完成心目中的理想剧本。

使用文心一言进行剧本创作的方法如下。

- 明确剧本的主题、故事情节及走向。用简洁的语言描述主题和情节，以便文心一言更好地理解你的创作意图。例如，"请讲述一个浪漫的爱情故事，结局是男女主角幸福地生活在一起。"

- 如果你对选择主题感到困惑，可以提供一些关键词或提示，让文心一言为你推荐一些相关主题。例如，你可以告诉文心一言你希望创作一部什么类型的短视频，或者想要表达的情感是什么，文心一言会根据你提供的信息生成一些可能相关的主题供你参考。

- 利用文心一言生成剧本的初稿后，你可以通读整个剧本，对其中的内容进行必要的修改和完善，以确保故事的连贯性和逻辑性。

- 在创作过程中，你可以随时向文心一言寻求帮助，让它为你提供不同的故事场景和对话内容。文心一言能够为你提供灵感、建议和想法，激发你的创作潜力。

- 当你完成所有场景的编写后，再次通读整个剧本，进行最后的编辑和润色。确保剧本中的对话、场景和情节都符合你的创作意图，而且表达清晰、准确。

通过以上步骤，你就可以充分利用文心一言的智能创作功能，完成一部高质量的剧本作品了。

案例实战

:写一个充满悬念的故事，结局是超人拯救城市，走向光明。

:在一个平静的夜晚，城市的天空突然变得一片黑暗。市民们惊恐万分，不知道发生了什么事情。此时，一个神秘的光影在城市中穿梭，似乎在寻找着什么。

这个城市中有一个超级英雄，人们都称他为"超人"。超人拥有强大的力量和超凡的能力，他总是保护着市民们，维护城市的和平。在这个黑暗的夜晚，超人决定要查明真相，让城市重回光明。他追随着那个神秘的光影，发现它来自一座古老的废弃工厂。

超人悄悄地潜入工厂后，发现了一个惊人的秘密：原来，这个光影是一个来自外星的恶势力，它企图利用一种能量武器控制整个城市。

超人决定阻止这个恶势力的阴谋。他与外星恶势力展开了一场激烈的战斗，展现了他的超凡能力，将外星恶势力逼到了绝境。最终，超人成功地摧毁了能量武器，解救了被控制的市民们，城市重回光明。

市民们为超人的英勇行为欢呼雀跃，感激不已。他们纷纷走上街头，为超人送上鲜花和祝福。超人微笑着接受了他们的敬意，心中充满了喜悦和满足。

从此以后，超人继续保护着这座城市，成为市民们心目中的英雄。而这个悬疑的故事也成了城市中人们口耳相传的佳话，让人们永远不会忘记超人的英勇事迹和无私奉献的精神。

提示：使用文心一言编写剧本时，需要注意将要求写得具体明确，提供的细节越多，文心一言越能理解所发出的指令，从而生成更符合需求的剧本内容。此外，对剧本的通读检查和编辑也是至关重要的，这可以确保最后的文本内容达到预期的标准，并且在语法、逻辑和表达上更加准确流畅。同时，不要害怕提问和发挥创意。在使用文心一言的过程中，尝试给出不同的指令，可能会得到出乎意料的回答和建议，从而激发更多的创作灵感。记住，文心一言是一个强大的工具，但最终的创作成果还是需要依赖于你的创意和指导。因此，在使用过程中，要充分发挥自己的主观能动性，与文心一言形成良好的互动合作关系，共同打造精彩的剧本作品。

2.1.2 诗词创作

文心一言创作诗词的思维方式与人们创作诗词的思维方式有所不同。它缺乏人类的情感体验，主要依赖算法和模型来推导出诗歌的结构和内容。同时，由于文化背景和审美角度的差异，其创作的诗词往往显得匠气十足，难以完全达到人们的审美水平。然而，尽管如此，文心一言仍能为创作者在诗词创作上提供很大的帮助。

以下是使用文心一言创作诗词时需要注意的事项。

* 确定主题和情感：首先，你需要明确你想要表达的主题和情感。这些主题可以涵盖爱情、友情、亲情、自然风光等各种你想要表达的领域。例如，你可以请求："请帮我写一篇描述家人感情深厚的诗词。"

* 构思诗句：在确定了主题和情感之后，你需要开始构思诗句。你可以从一句诗开始，然后逐步拓展，让文心一言帮助你完成整首诗词。

* 运用修辞：在给出指令时，你可以建议文心一言使用特定的修辞手法，如比喻、拟人、排比、对偶等，以增强诗句的表现力和感染力。

* 推敲字词：在创作过程中，不断推敲和选择字词，以找到最能表达你情感和意境的词汇。

* 反复修改：完成初稿后，进行多次修改，调整诗句的结构、韵律、平仄等，直到你对结果感到满意。

尽管文心一言的创作方式与人们有所不同，但只要我们善于利用它的优点并遵循上述注意事项，它仍然可以成为我们诗词创作过程中的有力助手。

> 提示：文心一言能够拓展写作思路，为我们提供更多的创作素材。基于这些素材，我们可以进一步展开诗歌创作。然而，需要注意的是，尽管文心一言可以辅助完成诗词的初稿，但最终的作品仍需要我们自己进行仔细的审阅和修改，以确保诗歌达到最佳的表达效果。

案例实战

👤：请写一篇描述西湖美景的诗词。

🅰：西湖美景

湖光潋滟柳丝长，碧水蓝天映日光。春色满园花似锦，风和日丽拂面凉。

远山含黛云雾绕，近水含情草木香。漫步湖畔心自静，清幽雅致乐无疆。

2.1.3 视频脚本创作

制作引人入胜且有效的视频脚本是生成顶级视觉内容的关键环节。无论你是小众创作内容的博主、企业视频制作人，还是从事电影项目的制作人，拥有一个精心设计的视频脚本作为整个项目的基本框架都至关重要。在脚本创作过程中，文心一言可以成为一个方便快捷的助手。以下是利用文心一言创作精彩视频脚本的注意事项。

- 明确视频的总体目标和目的。例如，你的目标是通过特定主题教育观众、推广产品或服务，还是通过讲故事来娱乐大众。清楚地了解目标有助于确定文心一言脚本创作的方向。
- 深入了解视频的受众群体。全面理解目标观众，使文心一言能够自定义脚本的各种元素，包括语言、动作和包含的内容类型，确保脚本内容能够满足观众的期望。
- 使用开放式指令。鼓励文心一言做出广泛响应，以激发其创造力和多样性。例如，"请生成一系列关于服装广告的视频主题创意。"
- 灵活运用语法和词汇。在编写脚本时，你可以参考文心一言的语法和词汇建议，但也可以根据需要进行自由发挥和调整。
- 完成脚本后进行排版和校对。确保脚本的格式整洁、易于阅读，并检查语法和拼写错误。此外，根据需要在脚本中添加背景音乐的风格、转场类型等细节，以提供完整的分镜头脚本。
- 提交脚本给视频制作团队。一旦脚本完成并经过审核，就可以将其提交给视频制作团队。他们将根据脚本开始进行拍摄和后期制作，最终呈现出引人入胜的视觉内容。

通过遵循以上注意事项，你可以充分利用文心一言的辅助功能，创作出精彩且有效的视频脚本，为视频制作的成功奠定坚实的基础。

案例实战

👤：我想拍摄一段讲述明朝历史的古装视频，可以帮我写一个视频脚本吗？要求什么时间、地点、画面中出现什么，镜头应该怎么运用，景别是什么样的，服装、化妆、道具（简称"服化道"）的准备。

💡 标题:《明朝风华》

类型：历史古装

时长：约10分钟

一、开头

时间：日出时分

地点：宫殿前广场

画面：日出时分的宫殿前广场，霞光洒满大地，宫殿建筑在晨雾中若隐若现。

镜头运用：推镜头，由远及近展示宫殿前广场的壮观景象。

景别：大远景至中景。

服化道准备：明朝时期的宫殿建筑、服饰、道具等。

二、剧情展开

时间：白天

地点：宫殿内、街道、茶馆等

画面：展示明朝的社会生活场景，包括宫殿内的朝会、街道上的市民生活、茶馆中的文人雅士等。

镜头运用：移镜头、摇镜头、跟镜头等，多角度展示场景和人物。

景别：远景、中景、近景、特写等。

服化道准备：明朝时期的服饰、道具、妆容等，还原历史场景。

三、主角登场

时间：黄昏时分

地点：宫殿花园

画面：主角在宫殿花园中漫步，思考朝廷大事。

镜头运用：跟镜头、推镜头，展示主角的神态和情感。

景别：中景至近景。

服化道准备：为主角准备明朝时期的官服、发饰等。

四、剧情高潮

时间：夜晚

地点：宫殿内书房、战场等

画面：主角在书房中处理政务，与敌人展开激战。

镜头运用：旋转镜头、推镜头等，营造紧张氛围。

景别：近景至特写。

服化道准备：书房内的文房四宝、战场上的武器等。

五、结尾

时间：日出时分

地点：宫殿前广场

画面：日出时分的宫殿前广场，主角站在高处俯瞰大地，感慨国家繁荣昌盛。

镜头运用：拉镜头，由近及远展示宫殿前广场的壮观景象。

景别：近景至大远景。

服化道准备：明朝时期的服饰、道具等。同时，确保场景布置和摄影设备与历史背景相符，营造出逼真的历史氛围。

> 提示：创作视频脚本时，需要注意拍摄场景、镜头、画面内容、景别、文案、时长和音乐这七大要素。这些要素共同构成了视频脚本的基本框架，为视频的拍摄和后期编辑提供了详尽的指导。通过仔细考虑和规划这些要素，可以确保视频制作的顺利进行，并创作出高质量、引人入胜的视觉作品。

2.1.4　演讲稿创作

文心一言在演讲稿创作上具有显著的应用价值。它不仅可以直接编写演讲稿的具体内容，还能提供演讲稿的大纲，极大地方便了使用者在大纲基础上进行进一步的修正和使用。以下是使用文心一言创作演讲稿的四个基本步骤。

01 确定演讲主题：首先，明确演讲的主题，这将为接下来的演讲内容提供一个清晰的方向。

02 收集相关素材和信息：在确定演讲主题后，开始广泛地收集与主题相关的素材和信息。你需要确保收集到足够的信息和数据，以供文心一言进行参考。文心一言能够根据这些素材生成符合你需求的文本内容。

03 输入信息并生成内容：准备好主题和素材后，将收集到的信息输入到文心一言中。然后，通过询问相关问题，引导文心一言帮助你组织思路并生成演讲内容。生成内容后，你可以根据需要进行调整和修改，以确保其完全符合你的要求。

04 编辑和完善演讲稿：在演讲稿初步完成后，进行必要的编辑和完善工作。删除多余或冗余的内容，添加必要的细节和元素，以提高演讲稿的整体质量和观感。

通过以上4个步骤，你可以充分利用文心一言的辅助功能，高效地完成演讲稿的创作。

案例实战

👤：请生成一篇人工智能发展史的演讲稿。

💬：尊敬的听众们，大家好！

今天，我想和大家分享的是人工智能的发展史。人工智能作为当今科技领域的热门话题，已经深刻地影响了我们的生活，并且未来还有着广阔的发展前景。

一、起点：人工智能的起源和早期发展

人工智能的发展可以追溯到20世纪50年代。这个概念最初由计算机科学家艾伦·麦席森·图灵提出，他设计了一种名为"图灵测试"的方法，用于判断一个机器是否能像人一样思考。这一思想奠定了人工智能发展的基础。

在接下来的几十年中，人工智能领域经历了多次起伏。在20世纪60年代，随着计算机性能的提升，人工智能迎来了第一次发展高潮。这个时期的代表性成果包括感知器、专家系统和基于规则的推理系统。

二、发展：人工智能的快速发展和应用拓展

进入21世纪后，随着大数据和计算能力的提升，人工智能得到了快速发展。这个阶段出现了许多重要的技术和应用，例如深度学习、自然语言处理和计算机视觉等。这些技术的发展为人工智能在各个领域的应用提供了强有力的支持。

同时，人工智能的应用范围也在不断扩大。在医疗、金融、交通、安防等领域，人工智能都发挥着越来越重要的作用。例如，通过医疗图像分析，人工智能可以辅助医生进行疾病诊断；在金融领域，人工智能可以进行风险评估和投资决策；在交通领域，人工智能可以帮助优化交通流量；在安防领域，人工智能可以用于人脸识别和行为分析。

三、未来：人工智能的挑战和前景

尽管人工智能已经取得了显著的进步，但仍然面临着许多挑战。例如，如何解决数据隐私问题、如何保障人工智能的公平性和透明度、如何应对技术变革带来的就业压力等。这些问题的解决需要政府、企业和学术界的共同努力。

同时，人工智能的发展也带来了广阔的前景。未来，人工智能可能会成为像电力一样的基础设施，为各个领域提供强大的支持。例如，在制造业中，人工智能可以通过智能优化生产流程来提高生产效率；在教育中，人工智能可以通过个性化教学来提高教育质量；在城市规划中，人工智能可以通过智能交通管理和预测来提高城市居民的生活质量。

四、结语

回顾人工智能的发展历程，我们可以看到这是一个充满挑战和机遇的领域。未来，随着技术的进步和应用范围的扩大，人工智能将会对我们的生活产生更加深远的影响。让我们共同期待人工智能带给我们更多的惊喜和可能性！

谢谢大家！

2.1.5 歌词创作

在创作中遇到瓶颈时，文心一言或许能提供不同的视角和方向，从而激发更多的创作灵感。若要使用文心一言来完成符合预期的歌词创作，有以下几点需要注意。

- 每首歌曲都应有明确的主题和情感，而文心一言在创作歌词时会紧紧围绕这个主题来展开。例如，如果你提出："请帮我写一首励志的歌词。"那么，文心一言就会依据这个主题来构思歌词内容。

- 应强调让文心一言使用简洁、明了的语言来表达，这样可以避免歌词中出现过于复杂或晦涩的词汇，使歌词更易于理解和传唱。

- 完成歌词初稿后，务必预览整首歌词，对生成的内容进行必要的调整和优化，以确保歌词的质量符合预期。

- 使用文心一言进行歌词创作时，必须高度重视版权问题。请确保不使用他人的作品或素材，以免引发版权纠纷，造成麻烦。同时，也要确保自己创作的歌词不侵犯他人的知识产权。

- 为了更好地利用文心一言进行歌词创作，还可以尝试与其进行多轮对话，逐步明确创作的方向和细节。通过不断地交流和调整，可以让文心一言更好地理解你的创作意图，从而生成更符合预期的歌词作品。

案例实战

🧑: 写一首关于人生感悟的歌词，使用简洁明了的语言。

💬: Verse 1：时光飞逝，岁月无情，人生路上，起伏不定。时而高山，时而低谷，经历风雨，才能坚强。

Chorus：人生感悟，珍惜当下，努力奋斗，不放弃梦想。感恩经历，勇往直前，让自己更好，让未来更光明。

Verse 2：学会包容，宽恕过错，放下过去，才能前行。珍惜身边，真心待人，信任友谊，才能长久。

Chorus：人生感悟，珍惜当下，努力奋斗，不放弃梦想。感恩经历，勇往直前，让自己更好，让未来更光明。

Bridge：别怕失败，别怕黑夜，勇敢前行，才能看到希望。相信自己，相信未来，坚持梦想，才能实现愿望。

Chorus：人生感悟，珍惜当下，努力奋斗，不放弃梦想。感恩经历，勇往直前，让自己更好，让未来更光明。

> 提示：文心一言不仅能生成高质量的歌词，还能帮助用户更好地理解创作思路，从而带来更高效的创作体验。

2.1.6　公众号推文

随着社交媒体的普及，公众号作为一种受欢迎的新媒体形式，已成为人们获取信息、享受娱乐和进行社交互动的关键平台。对于公众号运营者而言，撰写一篇引人入胜的推文是至关重要的。接下来，我们将详细介绍如何使用文心一言高效地撰写一篇公众号推文，整个过程可分为5个步骤。

01 规定写作风格：在开始撰写之前，需要先确定推文的写作风格。可以通过找几篇公众号推文作为范文，让文心一言学习并模仿其写作风格。这样可以确保推文的风格与受众的口味相符，提高阅读体验。

02 确定选题：选题是撰写推文的关键，一个好的选题能够吸引读者的注意力。可以使用文心一言生成多个主题，然后从中选择相对满意的选题。如果对生成的选题不满意，可以提出具体的修改要求，继续生成，直到找到满意的选题为止。

03 编写大纲：确定选题后，需要编写推文的大纲。大纲可以帮助整理思路，确保推文的结构清晰。可以让文心一言根据选题编写大纲，然后进行适当的修改和调整，以满足自己的需求。

04 详写各部分内容：在编写大纲的基础上，需要详细撰写推文的各个部分。可以提出需要重点描写的内容、字数限制和其他要求，让文心一言根据这些要求撰写内容。撰写过程中，可以根据实际情况进行修改和调整，以确保推文的质量。

05 合并内容并人工润色：完成各部分内容的撰写后，需要将它们合并成一篇完整的推文。在合并过程中，可以删除多余的部分，使推文更加简洁明了。最后，进行人工润色，检查语法、拼写和标点等方面的错误，确保推文的准确性和流畅性。

通过以上5个步骤，就可以使用文心一言高效地撰写一篇公众号推文了。

案例实战

👤：人间烟火，最抚人心。美食承载着一座城市的烟火气息、人文温情，是游客了解、亲近一座城市的生动窗口。近年来，长沙餐饮品牌持续上新，餐旅融合不断走深，餐旅消费加速升温，屡次上榜全国热门目的地城市、最受欢迎的暑期档旅游城市，"去长沙"成为各个社交平台的热门话题。一桌宴席，荟萃星城美味；一份心意，尽显待客热情。"长沙名宴"正式发布，涵盖剁椒鱼头、毛氏红烧肉、辣椒炒肉、黄焖花猪肉、荷花虾、粉皮黑山羊、状元鸡、菊花豆腐、发丝牛百叶、香辣童仔水鱼等10道特色名菜。名宴菜品甄选自长沙各个区县（市），皆具湘菜魅力，又各有其风味。外焦里嫩的火宫殿臭豆腐、酥脆可口的马复胜糕点、香辣鲜醇的小鸭仙酱板鸭……活动现场，"星城好韵味"美味时光市集上美食汇聚、人潮涌动，既有火宫殿、玉楼东等经典老字号，也有晨曦咖啡、茶泱泱等潮流"新食尚"，共同展示长沙饮食文化的深厚底蕴与多元魅力。学习这篇推文的写作风格。

◎：这篇推文采用了生动、形象的描写方式，通过描绘美食、城市文化和人情味，让读者感受到长沙这座城市的独特魅力和吸引力。

首先，推文以"人间烟火，最抚人心"作为开头，营造出一种温馨、亲切的氛围，将读者带入一种美食与情感交融的情境中。

接着，推文强调了美食在旅游中的重要作用，是游客了解、亲近一座城市的生动窗口。通过对长沙餐饮品牌的介绍和描述，推文展现了长沙美食的多样性和独特性，以及长沙作为热门旅游目的地的吸引力。

在介绍"长沙名宴"时，推文详细列举了十道特色名菜，并通过生动地描写让读者仿佛能够闻到、尝到这些美食的诱人香味。同时，推文也提到了市集上的各种美食和饮品，既有经典老字号，也有潮流"新食尚"，展示了长沙饮食文化的深厚底蕴与多元魅力。

最后，推文以"共同展示长沙饮食文化的深厚底蕴与多元魅力"作为结尾，总结了全文的主旨，并强调了长沙作为一座充满烟火气息和人文温情的城市的独特魅力。

总的来说，这篇推文的风格生动、形象，通过描绘美食、城市文化和人情味等方面，让读者感受到长沙这座城市的独特魅力和吸引力。同时，推文也采用了简洁明了的语言和清晰的结构，使读者能够轻松理解并留下深刻印象。

👤：模仿上面推文的写作风格，写一篇推荐湖南大学周边吃喝玩乐公众号推文。

◎：湖南大学周边，那些你不容错过的吃喝玩乐！

湖南大学，钟灵毓秀之地，学子们的理想王国。但你知道吗？除了学术氛围，这里的吃喝玩乐也是一流的！

- 食在湖南大学：提到湖南，怎能不提美食？湖南大学周边，汇聚了五湖四海的佳肴。从经典的臭豆腐、剁椒鱼头，到潮流的创意湘菜，每一口都是地道的湖南味道。而那些街头巷尾的小吃，更是学生时代最深刻的记忆！

- 娱乐不打烊：想要放松一下？湖南大学周边的KTV、电影院、桌游吧应有尽有。邀上三五好友，唱出青春的激情，或者沉浸在电影的世界里，都是绝佳的选择。

- 自然与人文的交融：岳麓山、橘子洲头……这些长沙的标志性景点，都在湖南大学不远处。无论是踏青、观景还是寻找历史的痕迹，这里都能满足你。
- 夜生活，正当时：夜幕降临，湖南大学周边的夜生活才开始热闹起来。清吧、酒吧、夜市……灯火辉煌，热闹非凡。在这里，你可以尽情释放一天的疲惫，享受夜晚的自由与惬意。
- 学术与休闲并存：当然，作为学霸的聚集地，湖南大学周边的书店、咖啡馆也是必去的。一杯咖啡，一本书，就能度过一个悠闲的下午。

总之，湖南大学周边，不仅有学术的殿堂，更有生活的烟火。无论你是学生、游客还是当地居民，这里都有属于你的那份快乐与惬意。快来探索吧！

提示：对于写作不熟练或觉得写作有难度的用户，文心一言可以助力减少写作障碍。对于已经具备一定写作基础和经验的用户而言，文心一言则能够帮助其节省大量的写作时间和成本。通过实现自动化创作，文心一言在一定程度上降低了编写文章所需的时间和精力，使创作者能够更高效地进行内容创作。

2.1.7　节日秀恩爱

如何利用文心一言在节日里充满浪漫和创意地秀恩爱，让爱情之花在每个特殊时刻都绽放出绚丽的光彩？通过接下来的学习，无论是情人节、圣诞节，还是约会纪念日，文心一言都能成为你表达爱意、增进情感的得力助手。你将掌握一系列有趣而实用的方法，让节日里的秀恩爱变成一种独特而难忘的体验。

案例实战

🧑：情人节我想和对象度过美好浪漫的一天，我该如何做，我该在那一天送什么礼物？

🤖：情人节是一个表达爱意的特殊节日，为了让这一天变得更加美好和浪漫，你可以考虑以下几个建议。

1. 计划一个浪漫的约会：选择一个浪漫的地点，如公园、花园、海滩或山顶等，与你的对象共度一个浪漫的约会。在约会期间，你可以准备一些小惊喜，如鲜花、巧克力或手写的情书，表达你对她的爱意。

2. 送一份有意义的礼物：在情人节这一天，送一份有意义的礼物是表达爱意的重要方式。你可以选择一些个性化的礼物，如定制的项链或手链、印有照片的抱枕等，或者选择一些她喜欢的书籍、音乐或电影等。无论你选择什么样的礼物，都要确保它是有意义和特别的，能够表达你对她的关心和爱意。

3. 准备一顿浪漫的晚餐：在情人节这一天，为你的对象准备一顿浪漫的晚餐也是一个不错的选择。你可以选择在家里为她做饭，或者预订一家优质的餐厅。无论你选择哪种方式，都要确保晚餐的氛围是浪漫和温馨的，让她感受到你对她的爱和关心。

4. 一起参加情侣活动：在情人节这一天，很多城市都会举办一些情侣活动，如情侣瑜伽、情侣按摩、情侣摄影等。你可以选择和你的对象一起参加这些活动，共同度过一个愉快的情人节。

以下是一些具体的礼物建议。

1. 鲜花：鲜花是情人节互送的 最传统礼物，你可以选择一束红玫瑰或她喜欢的其他花卉。

2. 巧克力：巧克力也是情人节的经典礼物之一，你可以选择一盒高质量的巧克力或一些有特色的巧克力。

3. 珠宝首饰：如果你想送一份更特别的礼物，可以考虑一些珠宝首饰，如项链、手链、耳环等。

4. 个性化定制礼品：你可以选择一些个性化的定制礼品，如印有照片的抱枕、定制的情侣T恤等。

5. 体验类礼物：除了实物礼品，你还可以考虑一些体验类礼物，如预订一次浪漫的旅行、为她购买一次瑜伽课程等。

总之，在情人节这一天，最重要的是让你的对象感受到你对她的爱和关心。无论你选择什么样的方式或礼物来表达你的爱意，都要确保它们是真诚和有意义的。

2.1.8　编辑稿件标题

在信息爆炸的时代，一个吸引人的标题对于稿件的传播和影响力至关重要。文心一言作为一款功能强大且实用的工具，可以协助编辑人员在起草稿件标题时，更加富有创意和吸引力。下面将介绍使用文心一言编辑稿件标题的方法与技巧，帮助你了解如何分析稿件内容、提炼关键词、运用创意构思吸引人的标题，并学会根据目标受众和媒体平台的特点来调整标题风格。

*   仔细通读整篇稿件，确保完全理解稿件的主题、内容和重点。这是创作一个贴切标题的基础。

*   提炼稿件中的核心信息和主要观点。这将有助于你在标题中准确地传达稿件的要点，让读者在浏览标题时就能对稿件内容有一个大致的了解。

*   提取与主题相关的关键词或短语。这些关键词或短语将成为你创作标题的灵感来源和基础素材。

案例实战

：我写了一篇稿子，大概内容是讲电视剧的发展趋势的，在爱情片盛行的时代，如何让现实题材的电视剧爆火，同时也写了一些具体方法。请帮我想一个该稿件的标题。

：“电视剧发展潮流中的现实题材爆款策略：在爱情片盛行时代中的突围之道”

可以看到，此时文心一言只提供了一个标题，可能会有不满意的情况，接下来可以继续向它提出要求。

请多提供几个相关标题以供参考。

当然，以下是一些标题，供你参考。

1. 现实题材电视剧如何在爱情片盛行中脱颖而出

2. 探讨电视剧领域中的现实题材成功之道

3. 在流行爱情片中，如何打造爆款现实题材电视剧

4. 电视剧的未来趋势：现实题材如何战胜爱情片

5. 现实题材电视剧的制胜策略：在爱情片泛滥的时代

6. 电视剧创作：如何在爱情片大行其道的时代里让现实题材崭露头角

7. 电视剧的突破口：现实题材如何在爱情片潮流中逆袭

8. 电视剧市场中的现实题材策略：如何在爱情片为主流的时代里取得成功

> 提示：使用文心一言编辑稿件标题固然可以提升效率，然而，这并不意味着可以完全依赖AI生成的结果。由于自然语言处理技术的局限性，生成的标题可能存在不够准确或吸引力不足的问题。因此，在利用文心一言编辑标题后，仍然需要人工进行审核和调整，以确保标题的质量和效果达到最佳。通过人工的细致修改，我们可以让标题更加精准地传达稿件的核心信息，同时提升其吸引力，从而有助于稿件的广泛传播和深入影响。

2.1.9 文本续写

文本续写是文学创作和写作技巧中的重要一环，它要求创作者在已有文本的基础上，进行合理且有创意的延续和发展。接下来，我们将探讨如何掌握使用文心一言进行文本续写的方法与技巧。这需要我们了解如何分析原文的风格、情节和人物特点，以及如何运用创意和想象力来构思和续写文本。在文本续写中，我们需要充分发挥想象力，创作出与原文风格相协调、情节连贯的优秀作品。以下是完成文本续写的几点注意事项。

- 仔细阅读原文，确保充分理解原文的内容、情节和风格。这是进行续写的基础，只有对原文有深入的理解，才能续写出与原文相协调的内容。

- 根据原文的结尾和整体情节，确定续写的方向和主题。这可以是延续原文的故事线，也可以是为原文添加新的元素和情节。续写的内容应该与原文有逻辑上的联系，不能脱离原文的框架。

- 使用文心一言来构思续写的情节。这包括设置悬念、刻画人物形象、描绘场景等，以引起读者的兴趣。在构思过程中，可以充分发挥想象力，创造出新颖的情节和人物。

- 续写完成后，要仔细检查续写文本。注意保持与原文相似的叙述风格、语言特点和情感基调，确保续写内容与原文相协调。如果续写文本与原文风格差异过大，会破坏读者的阅读体验。

案例实战

> 👤：续写在天气晴朗的一天，我在公园里遇到了很多可爱的小动物。

> 💬：在天气晴朗的一天，我心情格外舒畅，决定去公园散步。一走进公园，我就被周围的景色所吸引。阳光透过树叶的缝隙洒在我身上，微风拂面，带来阵阵清凉。
>
> 正当我欣赏着美景时，突然注意到一群可爱的小动物。一只小松鼠正在树枝上跳跃，它的尾巴蓬松如云，十分活泼可爱。不远处，一只小麻雀正在地上寻找食物，它时而用嘴巴啄啄草地，时而抬头警惕地观察周围。我忍不住向它走去，试图和它"交流"。
>
> 这时，一只蝴蝶飞过我的身旁，它的翅膀五彩斑斓，如同一幅美丽的画。我惊叹于大自然的美丽和神奇，继续向前走去。沿途还看到了一只小兔子，它在草丛中欢快地蹦跳，似乎在享受这美好的时光。
>
> 我沉浸在这份欢乐和美好中，心中充满了感激和幸福。这美好的一天让我更加热爱这个世界，也让我更加珍惜生命中的每一个瞬间。

2.2 绘画达人：把你的灵感"画"出来

本节将探讨如何利用文心一言将绘画灵感转化为精彩的画作，并介绍文心一言在绘画创作中的独特优势。文心一言拥有丰富的文化内涵和独特的语言特点，使其与绘画创作具有高度的契合性。通过实例，我们将详细阐述如何利用文心一言的关键词联想、情感表达和创意构思等功能，为绘画创作提供源源不断的灵感。同时，我们还将探讨如何借助文心一言的绘画工具和资源，将灵感转化为生动具体的画作，让艺术之美在画布上绽放。

2.2.1 一秒生成动漫头像

文心一言是一款强大的自然语言处理工具，其智能图像生成技术可以帮助用户轻松创作出符合个人喜好和风格的动漫头像。近年来，动漫头像在年轻用户群体中越来越受欢迎，呈现明显的上升趋势。在市场上众多的图像生成工具中，选择文心一言来生成动漫头像具有以下几个显著优势。

- 速度：文心一言能在短短1秒内生成高质量的动漫头像，满足用户即时获取的需求。
- 便捷性：用户只需通过简单的文本输入，如"画一个男生的动漫头像，戴眼镜托着脸的小男孩，在教室里，穿着黑色卫衣"，即可获得符合自己需求的动漫头像，无须具备复杂的绘图或编辑技能。
- 多样性：文心一言支持生成多种风格和主题的动漫头像，满足用户不同的个性化需求。
- 智能化：基于先进的自然语言处理技术，文心一言能够智能解析用户的文本描述，并生成与之相匹配的动漫头像。

👤：画一个女生的动漫头像。

◎：图 2-1 是生成的动漫头像。

👤：画一个女生的动漫头像，一个棕色长发的女生，穿着灰色的卫衣，戴着一顶红色的棒球帽，抱着一只白色的小猫，背景是教室。

◎：图 2-2 是生成的动漫头像。

图 2-1　　　　　　　　　　　　　　　　图 2-2

2.2.2　为诗词配上中国风插画

诗词作为中华文化的璀璨瑰宝，承载着深厚的历史底蕴与文化内涵。而中国风插画，则以其独特的线条勾勒、色彩渲染和精巧构图，淋漓尽致地展现了东方美学的无穷魅力。文心一言致力于将这两者完美结合，为诗词赋予更加鲜活生动的视觉呈现，让读者在欣赏美丽插画的同时，更深刻地领略诗词的深邃意境。

接下来，我们将详细介绍如何使用文心一言为诗词配上中国风插画的步骤。

01 挑选一首你喜爱或想要诠释的诗词。确保你对其内容、情感和创作背景有深入的理解，这是为后续插画创作奠定坚实基础的关键。

02 仔细阅读所选诗词，深入理解其主题思想、情感表达和意境营造。特别要注意诗词中的关键意象、生动比喻和象征元素，这些都是插画创作的重要灵感来源。

03 根据诗词的整体风格和你的个人审美偏好，选择适合的中国风插画风格。无论是水墨画的淡雅飘逸，还是工笔画的细腻精致，都能为诗词增色添彩，营造出别具一格的视觉艺术效果。

案例实战

👤：水光潋滟晴方好，山色空蒙雨亦奇。为这句诗词配上中国风插画。

⊙：以下是生成的中国风插画，如图 2-3 所示。

2.2.3 脑洞创意画

在创意绘画的世界中，想象力与表达技巧同等重要，它们共同构建了艺术创作的灵魂。"脑洞创意画"作为一种独特的绘画方式，其核心在于鼓励自由想象、打破常规约束，让艺术创作者能够随心所欲地挥洒自己的创意。

在进行创作时，你可以通过输入具体的画图指令来指导文心一言绘制出你想要的图像。例如，输入"/画图 鸡蛋灌饼"指令，文心一言就会根据你的要求绘制出一幅充满创意的鸡蛋灌饼图像。如果你希望进一步调整画图的细节和参数，可以输入更多的指令来实现。比如，输入"/画图 鸡蛋灌饼 废墟"指令，文心一言就会在鸡蛋灌饼图像周围添加废墟效果，营造出一种独特的氛围。

此外，你还可以在指令前加上"#创意图#"标签来影响生成结果。这个标签的作用是告诉文心一言你希望得到一个更具创意和独特性的图像。当然，加不加这个标签完全取决于你的创作需求和审美偏好。

案例实战

🙂：帮我画鸡蛋灌饼#创意图#。

⊙：图 2-4 是生成的鸡蛋灌饼图。

图 2-3

图 2-4

提示：使用文心一言来辅助创作是一个极好的选择。在想象和联想阶段，文心一言可以有效地启发我们的思路，帮助我们打破创作的瓶颈。而在绘制草图和细节处理阶段，它同样能够发挥巨大的作用。我们可以利用文心一言来查找与主题紧密相关的元素和形象，从而为创作提供更加丰富多样的灵感和素材。这样，我们不仅能够在创作的道路上更加顺畅地前行，还能够创作出更加精彩、富有创意的作品。

2.2.4　朋友圈配图

在社交媒体时代，"朋友圈"已然成为我们分享生活点滴、交流情感的重要场所。一条引人入胜的朋友圈动态，往往离不开一张与之相得益彰的精美配图。接下来，我们将一同探讨如何使用文心一言为朋友圈挑选和制作配图，了解如何根据文案内容选择合适的图片风格，以及巧妙运用设计元素来增强图片的表现力和吸引力。

首先，在输入框中输入"/朋友圈配图"或"/朋友圈图片"等指令，启动朋友圈配图功能。接下来，你需要根据文案的情感基调和主题内容，来挑选合适的图片风格。无论是清新的自然风光、复古的怀旧元素，还是抽象的创意图案，都能为你的文案增添独特的魅力。

例如，你可以尝试输入"/朋友圈配图 人山人海 复古"指令，文心一言将为你搜索并推荐一系列符合要求的复古风格人山人海图片。如果你希望进一步调整配图的细节和参数，还可以继续输入指令，如"/朋友圈配图 人山人海 滤镜"，为图片添加一个恰到好处的滤镜效果，从而营造出更加完美的氛围和美感。

通过这样的方式，你不仅能够轻松找到与文案相匹配的精美配图，还能够运用各种设计元素和技巧，让图片更具表现力和吸引力。相信在你的精心打造下，每一条朋友圈动态都能成为一道亮丽的风景线。

案例实战

🧑：给我的朋友圈配一张图，内容是："在热闹的香港街景，有一个安静的咖啡店。"

💻：图 2-5 是生成的朋友圈配图。

2.2.5　制作家居场景

家居场景制作是室内设计和家居装饰中不可或缺的一环，它涵盖了空间布局规划、色彩搭配艺术、家具及装饰品的选择等多个层面。通过接下来的深入学习，读者将系统掌握使用文心一言进行家居场景制作的专业方法与实用技巧，将了解如何针对不同空间特点和居住需求，进行合理且富有创意的布局设计。同时，还将学习如何巧妙运用色彩、家具、装饰品等关键元素，营造出既舒适又温馨的家居环境。

在进行家居场景制作时，有几点重要的注意事项需要特别关注。

- 对要设计的家居空间进行全面而准确的了解，这包括空间的面积、形状特征、结构特点以及现有的装修状况等，这些都是设计的基础信息。
- 深入了解居住者的生活习惯、功能需求和审美偏好，这些关键信息将为后续的设计方案提供明确的方向和依据。
- 明确家具的装修风格和主题，如"温馨田园风""现代简约风""实用主义风"等，这将有助于统一整体的设计风格，并确保各个元素之间的和谐搭配。
- 根据空间的实际情况和居住者的需求，制定详细且合理的空间布局方案。这包括家具的具体摆放位置、活动区域的合理划分、通行路线的顺畅规划等，旨在打造既美观又实用的家居环境。

案例实战

🧑：画一幅简约风的家居场景，画面左边是沙发，沙发前是床，有挂画、花瓶、圣诞树、书架和床头柜，具体布局可以自由发挥。

🤖：图 2-6 是生成的家居场景制作图。

图 2-5

图 2-6

第 3 章

文心一言：助你提升工作效率

在数字化时代背景下，职场人必须高效、准确地处理各种信息和数据，这是他们取得成功的关键。为此，本章将重点阐述文心一言在工作中的诸多益处。文心一言作为一款集成数据分析、营销文案撰写、职场问题解决方案以及求职招聘辅助功能的综合性工具，为用户提供了全面且高效的工作支持，助力他们在职场中脱颖而出。

3.1 数据分析：数据解释和可视化支持让数据更清晰

在信息化社会中，数据分析已经演变成企业和个人在制定策略、优化流程以及做出决策时的核心依据。本节将深入剖析如何运用各种分析方法与工具，对数据进行有效解读和可视化呈现，旨在使数据的意义更为明确，价值更为凸显。

3.1.1 数据搜集

使用文心一言进行数据收集，可以显著提升效率、准确性和规模性。此外，它还能实现自动化处理和实时监控，为用户提供更深入的分析结果，并确保数据的安全性。然而，在使用文心一言进行数据搜集时，也需要注意以下两点。

- 在开始数据收集之前，必须明确收集的目的和范围。这有助于确保所收集到的数据能够充分满足需求，避免收集到无关或冗余的信息。
- 需要确定所要收集的数据类型和格式，如文本、图片等。这一点至关重要，因为不同的数据类型和格式对文心一言的处理和分析能力有不同的要求。只有确保所收集的数据与文心一言的处理能力相匹配，才能充分发挥其效用。

案例实战

> 现在你是一个数据检索程序，你需要找到并梳理"中国服装行业发展"相关的数据，注意你需要附上数据对应的来源。此外请注意你需要在输出结果中标明部分生成的数据可能存在的偏差。

> 中国服装行业发展数据：
> 市场规模：2022年，中国服装市场规模为2.7万亿元人民币。
> 消费者行为：近年来，消费者越来越注重服装的品牌、设计和品质，同时也在追求更高的性价比。线上购买成为越来越重要的渠道。
> 行业竞争格局：国内品牌众多，市场集中度逐渐提高。知名品牌如安踏、李宁、海澜之家等在国内市场占据了较大的市场份额，同时也在积极拓展国际市场。
> 数据来源：中国服装协会、艾瑞咨询等。
> 数据偏差说明：由于数据采集和处理的限制，以上数据可能存在一定的偏差。同时，由于市场变化和政策影响等因素，实际数据也可能发生变化。在使用这些数据时，请注意进行核实和校准。

3.1.2 柱状图生成

使用文心一言生成柱状图能够极大地节省用户的时间和精力。尤其在需要制作多个柱状图的情况下，文心一言能够快速批量处理数据，帮助用户更全面地了解市场和行业的状况。此外，它还能有效减少人力投入，提升企业的运营效益。通过直观地展示数据的分布和比较情况，文心一言使用户能够更轻松地理解和分析数据，从而为企业的决策提供更有力的支持。

案例实战

🧑：请用柱状图展示排名前五的中国城市及GDP。

🤖：表3-1和图3-1展示了排名前五的中国城市及GDP。

表 3-1

城市	GDP（亿元）
上海	38700
北京	36100
深圳	27700
广州	25000
重庆	23600

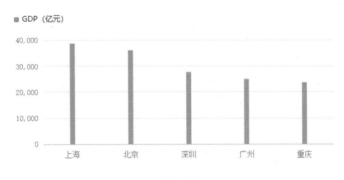

图 3-1

3.1.3　Excel大师

在遇到Excel表格相关的难题时，文心一言可以成为你的得力助手。它不仅能够协助处理大量数据，还能有效减少人为错误和误差，从而显著提高数据的准确性和可靠性。此外，文心一言还能自动处理和分析Excel表格数据，避免了烦琐的手动操作，让你在提升工作效率的同时，也能降低成本。

提示：文心一言主要处理文本内容，因此，在描述Excel工作表结构时，应确保使用清晰的文本格式进行阐述，如图3-2所示。这样的表述有助于确保信息的准确传达和理解。

图 3-2

案例实战

：下面请作为Excel大师给出处理相关表格数据的建议。表格共包含4列分别为：A列：学生ID；B列：学生名字；C列：学生班级；D列：学生成绩。我给出的第一个指令是：我想将高出平均成绩的数据标红。

：你好！要实现将高出平均成绩的数据标红，你可以按照以下步骤操作。

首先，计算所有学生的平均成绩。你可以在第一行（或者新的一列）中输入以下公式：=AVERAGE(D:D)。这将会计算D列中所有学生的平均成绩。

接下来，你需要将每个学生的成绩与平均成绩进行比较。在新的第二列中（假设我们在D列后面开始），输入公式：=D2-AVERAGE(D:D)。这将比较每个学生的成绩与平均成绩。

然后，你可以设置一个条件格式，使高于平均成绩的数据变为红色。选择D2到最后一行的数据（假设你的数据在D列结束），然后转到"条件格式"→"新规则"。

在新规则中，选择"使用公式确定要设置格式的单元格"，然后输入公式：=D2>AVERAGE(D:D)。然后单击"格式"按钮设置你想要的红色。

最后，你可以选择自动扩展数据范围，以便当添加新数据时，条件格式会自动应用到新数据。选择整个表格（或者你希望应用条件格式的区域），然后转到"条件格式"→"管理规则"。在"新建规则"中，选择"使用公式确定要设置格式的单元格"，然后输入公式：=D2>AVERAGE(D:D)。然后单击"格式"按钮设置你想要的红色。

：我的第二个指令是：将每项成绩最高分排到最前。

：要将每项成绩的最高分排到最前，你可以使用Excel的排序功能。以下是具体步骤。

选择数据区域：首先，确保你的表格中只有需要排序的数据，没有其他不需要的信息。然后单击表格的左上角，选择整个数据区域。

打开排序功能：在Excel的菜单栏上，选择"数据"标签，然后单击"排序"。

设置排序条件：在弹出的对话框中，设置排序的主要关键字为"学生成绩"（D列），并选择"降序"排序。

添加次要关键字（可选）：如果你的表格中有多个学生具有相同的最高成绩，你可能还想按照其他列进行排序，例如学生名字或学生ID。你可以在排序对话框中添加次要关键字，并选择相应的排序顺序。

应用排序：单击"确定"按钮，Excel将根据你的设置对数据进行排序。

现在，每项成绩的最高分将会排在前面。请注意，如果有多个学生具有相同的最高成绩，它们将按照你设置的次要关键字进行排序。

3.1.4 生成折线图

文心一言的功能不局限于解决Excel上的难题，它还能生成折线图等多种图表，从而有效提高工作效率、丰富图像多样性、提升数据处理的效率和精度，并实现自动化处理与分析，进而优化可视化效果。在使用文心一言生成折线图时，有两点需要注意。

- 确保提供给文心一言的数据是准确、完整且可靠的。数据的质量对折线图的质量和准确性有着直接的影响。
- 应根据需要展示的数据和分析目的来选择合适的图表类型。折线图特别适合用于展示随时间变化或其他连续变量的趋势和关系，以及具有周期性或趋势性的数据。选择合适的图表类型能够更好地突出数据的特征和规律，提升数据解读的效果。

案例实战

🧑：请用折线图展示世界人口增长趋势。

🤖：表 3-2 和图 3-3 展示了世界人口增长趋势。

表 3-2

年份	世界人口（亿人）
1960	30.27
1970	38.73
1980	44.99
1990	50.76
2000	61.18
2010	68.27
2020	77.94
2021	79.21

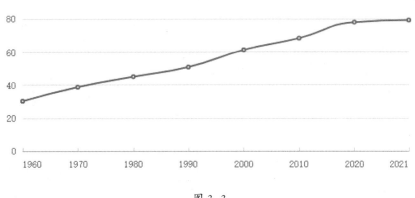

图 3-3

3.1.5　PEST分析

PEST分析是一种对宏观环境进行全面分析的方法，涵盖了政治（Political）、经济（Economic）、社会（Social）和技术（Technological）这四个核心领域。通过PEST分析，企业能够更深入地了解外部环境，从而制定出更加精确和及时的战略与决策。以下是使用文心一言进行PEST分析时需要注意的三点。

- 在开始PEST分析之前，必须明确分析的目标和目的。这关系到分析的重点和方向，也决定了分析结果的有效性和实用性。是为了深入了解当前市场环境，还是为了预测未来市场的发展趋势，抑或为了制定具体的战略计划，这些都需要在开始分析前明确。

- 选择可靠和权威的数据来源是进行PEST分析的关键环节。文心一言依托百度搜索强大的数据源支持，能够为用户提供丰富、准确的数据和信息。在进行PEST分析时，应充分利用这些资源，确保所获取的数据真实可靠。

- PEST分析的结果应与实际业务和应用紧密结合。分析不是目的，而是手段。只有将分析结果与企业的实际业务相结合，才能发挥其最大的价值。因此，在分析过程中，应不断根据分析结果调整和优化企业的战略和决策，以实现企业的长期发展目标。

案例实战

👤：请作为咨询公司顾问，帮我针对"度度智能音箱"进行PEST分析。需要从政治、经济、社会与科技四个维度进行分析，要求尽可能详细，并结合数据或文献作为分析依据。

🤖：作为咨询公司顾问，我为"度度智能音箱"进行PEST分析，从政治、经济、社会与科技四个维度进行分析。

一、政治维度

政策支持：随着国家对人工智能产业的重视，政府出台了一系列政策来支持智能音箱的发展。

法律法规：智能音箱的发展也受到相关法律法规的制约。例如，涉及用户隐私方面的问题，政府已经出台了相关法律法规，要求智能音箱在收集、使用和保护用户个人信息方面必须符合相关规定。

二、经济维度

市场规模：随着人们对智能家居的需求增加，智能音箱的市场规模不断扩大。根据市场研究机构的数据显示，智能音箱市场规模已经超过100亿元人民币，未来几年内还将继续保持高速增长。

产业链结构：智能音箱产业链包括硬件制造、软件开发、内容提供等多个环节。在硬件制造方面，国内已经涌现出一批优秀的智能音箱制造企业；在软件开发和内容提供方面，国内也已经有不少企业涉足这一领域。

三、社会维度

用户需求：随着人们对智能家居的认识和需求的提高，越来越多的用户开始关注和使用智能音箱。根据艾媒咨询公司的数据，中国智能音箱用户规模已经超过1亿，并且呈现快速增长的态势。

社会认知：智能音箱作为新兴的人工智能产品，其社会认知度也在不断提高。不少消费者认为使用智能音箱可以方便地实现语音交互、播放音乐、查询信息等功能，因此对智能音箱的接受度和认可度逐渐提高。

四、科技维度

技术创新：随着人工智能技术的不断发展，智能音箱在语音识别、自然语言处理等方面的技术不断创新。例如，一些先进的智能音箱已经可以实现多轮对话、语音翻译等功能，提高了用户体验和产品竞争力。

数据分析能力：智能音箱的核心竞争力在于其语音识别和自然语言处理技术，而这两项技术的关键在于数据分析和处理能力。通过对用户语音数据的不断学习和分析，智能音箱可以不断提高其语音识别和处理的准确性和效率，提高用户体验和产品竞争力。

综上所述，智能音箱在政治、经济、社会和科技四个维度上均具有较好的环境条件和发展潜力。同时，也需要继续关注相关政策法规的变动、市场需求的变化以及技术创新的进展等因素对智能音箱市场的影响。

3.1.6 投资报告分析

使用文心一言进行投资报告分析，能够为投资者提供诸多便利。它不仅能够迅速且准确地分析海量的市场数据，包括历史数据与实时数据，还能助力投资者发掘潜藏的市场规律和趋势。更为重要的是，文心一言的投资报告分析功能可以为投资者提供更加客观、及时的预警及决策支持，使投资者能够高效地把握市场动态与趋势，从而显著提升其分析效率。

案例实战

🧑: 现在你是一位资深投资人，请对××××公司进行分析并生成投资分析报告，要求包含财务状况分析、行业状况分析、公司估值分析。其中在财务状况分析部分，你需要从资产质量、成长性、收益性等方面切入，需要结合权威机构发布的数据。内容翔实，简短但有层次。

🤖: ××××公司投资分析报告

一、财务状况分析

资产质量

根据××××公司提交的最新财务报告，其总资产规模为×××亿元，其中流动资产占比××%，非流动资产占比××%。流动资产中，货币资金、应收账款和存货占据主要部分，而非流动资产则主要集中在固定资产和无形资产。这表明公司拥有一定的资产规模，并且资产配置较为均衡。

成长性

观察公司的成长性,我发现其营业收入在过去几年中保持着稳步增长,年均增长率达到××%。净利润也在逐年上升,过去5年的复合增长率达到××%。此外,公司的经营活动产生的现金流量净额也较为稳定,且逐年增长,这表明公司的盈利能力和经营状况均保持良好。

收益性

从公司的收益性来看,其基本每股收益和稀释每股收益均呈逐年增长趋势,过去5年的复合增长率分别为××%和××%。此外,公司的净资产收益率和总资产报酬率也保持在较高水平,这表明公司具有较强的盈利能力。

二、行业状况分析

××××公司所处的行业为×××行业,该行业具有以下特点。

市场规模较大,但竞争激烈,市场占有率分散。

技术更新换代快,需要企业持续进行研发创新。

行业增长速度较稳定,但发展空间较大。

目前,×××行业在全球范围内处于稳步发展阶段,市场需求持续增长。同时,随着技术的不断进步和消费者需求的不断升级,行业内的竞争格局也在不断变化。

三、公司估值分析

采用DCF(折现现金流)估值法对××××公司进行估值分析。通过预测未来现金流并折现至当前价值,得出公司的股权价值为×××亿元。与当前市值相比,××××公司的股价被低估了××%,具有一定的投资价值。

综上所述,××××公司在财务状况、行业状况和公司估值方面均表现出较好的投资潜力。作为资深投资人,我们建议考虑投资该公司的股票。

> 提示:尽管文心一言能够提供丰富的信息和数据,但用户需要注意,这些数据的准确性并不能得到百分之百的保证。此外,文心一言虽然功能强大,但仍无法替代人们进行深入的分析和判断。因此,在使用文心一言进行投资报告分析时,用户必须充分了解和评估投资风险,并据此制定相应的风险控制策略,以确保投资决策的稳健性和安全性。

3.1.7 SWOT分析

SWOT分析作为一种经典的战略分析工具,被广泛应用于对企业或项目的优势(Strengths)、劣势(Weaknesses)、机会(Opportunities)和威胁(Threats)进行全面评估。借助文心一言进行SWOT分析,不仅能够迅速处理大量数据,发现其中的模式和趋势,还能确保分析结果的深入与准确,从而为企业或项目制定合适的战略和计划提供有力支持。然而,在使用文心一言进行SWOT分析时,有以下几点需要注意。

- SWOT分析所依赖的数据必须准确可靠。尽管文心一言能够提供丰富的信息,但用户仍需自行验证这些数据的准确性和适用性,以确保分析结果的可靠性。

- 用户需要正确区分真正的优势和劣势，避免将潜在的机会或威胁误判为优势或劣势。这要求用户具备敏锐的市场洞察力和判断力，以确保分析结果的准确性。
- 进行SWOT分析时，用户应将文心一言提供的信息与实际情况相结合。这有助于确保分析结果更加贴近实际，为企业或项目的战略制定提供更具指导意义的建议。
- 随着市场和行业的不断变化，优势、劣势、机会和威胁也会发生相应变化。因此，用户需要定期更新分析结果，以反映市场的最新动态和变化。这有助于确保企业或项目始终保持敏锐的市场洞察力和竞争力。

案例实战

😀：对减脂餐进行SWOT分析，要求结合数据且全面。

🅾：对减脂餐进行SWOT分析，需要综合考虑减脂餐市场的各个方面，包括消费者需求、市场竞争、品牌影响力、营销策略等。以下是减脂餐市场的SWOT分析。

S（优势）：

健康饮食趋势：随着人们对健康的关注度不断提高，健康饮食成为越来越多人的选择。减脂餐作为一种健康饮食方式，符合这一趋势。

市场需求大：越来越多的人开始关注自己的体重和健康，减脂餐市场需求不断增长。

多样化：减脂餐市场提供了各种各样的饮食方案和产品，可以满足不同消费者的需求。

W（劣势）：

价格较高：相比普通饮食，减脂餐的价格通常较高。这可能会让一些消费者望而却步，特别是对于那些对价格敏感的人群。

口味限制：为了控制热量和脂肪含量，减脂餐通常会采用一些特殊的食材和烹饪方法，可能会对口味产生一定的影响。一些消费者可能会因为口味不合而放弃食用减脂餐。

竞争激烈：减脂餐市场竞争激烈。

O（机会）：

线上销售渠道：随着电商的快速发展，线上销售已经成为一种重要的销售渠道。减脂餐可以通过线上销售渠道扩大销售范围，提高市场占有率。

健康食品市场增长：随着人们对健康的关注度的不断提高，健康食品市场不断增长。减脂餐作为一种健康饮食方式，有望受益于这一趋势。

合作机会：减脂餐品牌可以与其他健康食品品牌或健身机构合作。

T（威胁）：

法规政策限制：随着人们对食品安全和营养的关注度不断提高，国家会出台相应的政策法规加以限制。

产品质量问题：减脂餐产品的质量直接关系到消费者的健康。如果产品质量出现问题，可能会对品牌形象和市场竞争力产生负面影响。

3.1.8　波士顿7S分析

波士顿7S分析作为一种战略规划工具，旨在协助企业在错综复杂的市场环境中做出明智的战略决策。这一分析框架源自波士顿咨询集团（BCG）的独到见解，它着重强调了企业在实施战略时应细致考量的7个核心要素：结构（Structure）、战略（Strategy）、制度（Systems）、员工（Staff）、技能（Skills）、共享价值观（Shared Values）以及战略性资源（Strategic Resources）。通过深入剖析这些要素，企业能够清晰地认识自身的优势与劣势，准确把握外部的机会与威胁，进而构建出更加行之有效的战略方案。

在使用文心一言进行波士顿7S分析时，需特别留意以下4点。

- 深入分析7个要素时，务必关注它们之间的内在联系与相互影响，以确保对企业竞争地位及存在问题的全面把握。
- 分析结果应与市场需求及发展趋势紧密结合，从而制定出既顺应市场脉络又具有企业特色的战略与计划。
- 建议定期运用文心一言进行波士顿7S分析，以持续监测企业竞争地位的变化，并根据实际情况适时调整战略与计划。
- 为便于理解与沟通，可将分析结果以图表、报告等直观形式呈现，使分析结果更加一目了然。

案例实战

👤：对华为手机进行波士顿7S分析，要求全面、准确。

💻：华为手机作为全球知名的手机品牌，在市场上具有广泛的影响力。下面是对华为手机进行波士顿7S分析的全面和详细内容。

公司战略（Strategy）：

华为手机采取了中高端市场定位，通过技术创新和品质保证，不断推出具有竞争力的产品。

华为注重研发和创新，持续推出具有差异化的功能和设计，以满足不同消费者的需求。

华为还通过与全球运营商合作，拓展市场份额，提高品牌知名度和用户覆盖率。

组织结构（Structure）：

华为手机部门组织结构相对扁平化，注重团队协作和高效沟通。

公司拥有完善的研发、市场、销售和服务团队，为手机业务的发展提供支持。

华为在全球范围内建立了多个研发中心和生产基地，以更好地满足不同地区的需求。

系统（Systems）：

华为拥有自主研发的鸿蒙操作系统，以及先进的5G通信技术，为手机提供强大的性能和网络支持。

华为注重数据安全和隐私保护，采用了多种加密和安全措施，确保用户数据的安全性。

华为还建立了完善的供应链管理系统，确保手机零部件的品质和供应稳定性。

员工（Staff）：

华为手机部门拥有一支高素质、经验丰富的员工队伍，涵盖了研发、生产、销售和售后服务的各个环节。

公司注重员工的培训和发展，提供各种职业培训和晋升机会，提高员工的综合素质和工作能力。

华为还建立了良好的员工激励机制，通过股票期权、绩效奖金等方式，激发员工的工作积极性和创造力。

共享价值观（Shared Values）：

华为以"客户为中心、奋斗者为本、团队合作、诚信"为企业价值观的核心。

在华为手机业务中，这些价值观得到了充分体现，确保了产品的品质和服务的质量。

华为还注重企业社会责任，积极参与公益事业，为社会作出贡献。

技能（Skills）：

华为在手机领域拥有丰富的技术积累和专利储备，涵盖了硬件设计、软件开发、芯片制造等多个方面。

公司具备强大的研发能力，能够快速响应市场需求和技术变革，推出具有竞争力的新产品。

华为还与全球各大运营商建立了合作关系，为其提供定制化的手机产品和服务。

物质设施（Physical Facilities）：

华为在全球范围内拥有多个生产基地和研发中心，确保了手机生产的规模化和品质控制。

华为公司采用先进的生产设备和工艺，提高了生产效率和产品质量。

华为还建立了完善的售后服务体系，为用户提供便捷的维修和退换货服务。

综上所述，华为手机在波士顿7S分析中表现出色，具备强大的竞争优势和良好的发展前景。在未来，华为手机将继续保持创新和品质为核心竞争力，为用户带来更好的产品和服务体验。

：将上面的分析结果用图表的形式表现出来。

：表3-3将华为手机在波士顿7S分析中的关键点进行了总结和呈现。

表 3-3

序号	7S分析维度	华为手机分析结果
1	公司战略	中高端市场定位、注重研发和创新、与全球运营商合作
2	组织结构	扁平化、团队协作、全球研发和生产基地
3	系统	自主研发的鸿蒙操作系统、5G通信技术、供应链管理系统
4	员工	高素质、经验丰富的员工队伍、培训和晋升机会、员工激励机制

续表

序号	7S分析维度	华为手机分析结果
5	共享价值观	以客户为中心、奋斗者为本、团队合作、诚信
6	技能	技术积累和专利储备、强大的研发能力、与全球运营商合作
7	物质设施	多个生产基地和研发中心、先进的生产设备和工艺、完善的售后服务体系

3.1.9　4P营销分析

4P营销分析作为一种经典的营销组合策略，涵盖了产品（Product）、价格（Price）、渠道（Place）和推广（Promotion）这4个核心要素。在进行4P营销分析时，有以下几点需要注意。

- 明确产品的市场定位至关重要。深入了解目标受众的需求和特点，是制定有效营销策略的前提。只有准确把握了目标市场的脉搏，企业才能在激烈的市场竞争中脱颖而出。

- 根据4P营销分析的结果，制定全面而有效的营销策略。这包括针对产品进行必要的改进，以满足消费者的实际需求；制定合理的定价策略，以确保产品的竞争力；选择合适的渠道，以便将产品快速且有效地送达消费者手中；确定恰当的推广方式，提高产品的知名度和美誉度。

- 由于市场环境和消费者需求始终处于动态变化之中，因此企业需要定期运用文心一言等工具进行4P营销分析。通过及时调整营销策略，企业可以更好地适应市场变化，把握市场机遇，从而在竞争激烈的市场中立于不败之地。

案例实战

👤：对华为手机进行4P营销分析，要求全面但尽可能简短。

💬：好的，以下是对华为手机进行4P营销分析的全面内容。

产品（Product）：

华为手机以其卓越的品质和技术含量在国内外市场均享有较高声誉。产品线广泛，覆盖不同价位段和用户需求，从高端旗舰机型到中低端实惠机型，形成了完整的产品矩阵。华为注重研发和创新，持续推出具有竞争力的新产品，如具备卓越摄影功能的P系列、时尚高端的Mate系列等。此外，华为还致力于提供优质的售后服务，提升用户体验。

价格（Price）：

华为手机的价格策略相对灵活，根据不同产品系列和定位，制定了相应的价格区间。高端旗舰机型价格较高，但凭借出色的性能和品质，吸引了众多追求高品质生活的消费者；中低端机型则凭借性价比优势，满足了更广泛的市场需求。华为还通过促销活动、折扣优惠等手段，提高产品竞争力。

渠道（Place）：

华为手机的销售渠道多样化，包括线上和线下渠道。线上渠道主要通过华为官网、电商平台以及社交媒体等进行销售；线下渠道则涵盖专卖店、授权经销商以及合作运营商等。华为注重渠道拓展和布局，不断扩大市场份额。同时，华为还积极与合作伙伴开展跨界合作，提升品牌影响力。

推广（Promotion）：

华为手机的推广活动丰富多彩，包括广告投放、明星代言、社交媒体营销等。华为注重品牌形象的塑造和提升，通过与知名人士合作、赞助大型活动等方式提高品牌知名度。此外，华为还积极开展线上线下互动营销活动，吸引用户参与并提升用户黏性。在推广过程中，华为还注重与目标受众的沟通和互动，及时调整市场策略以满足消费者需求。

提示：使用文心一言对产品进行4P营销分析，可以显著提升用户决策的精确度。它能够迅速处理和分析庞大的数据量，有效整合这些信息，进而提供更深入的市场洞察。通过这种方式，企业能够优化资源配置，提高资源的使用效率。此外，文心一言还能帮助企业快速把握市场需求和竞争态势，从而制定出更加精确的营销策略。

3.1.10　产业顾问

文心一言能够为相关产业人员提供准确、高效且可靠的产业分析，从而提高工作效率，降低人工分析和决策的成本。同时，它还能根据企业的实际需求，提供个性化的建议和解决方案，助力企业更深入地了解市场需求和竞争态势，优化资源配置，实现资源的高效利用。

当使用文心一言作为产业顾问时，有以下几点需要注意。

- 在咨询产业发展问题时，务必明确问题的具体内容、背景和范围，以便文心一言能够更准确地理解问题并给出有针对性的答案。
- 在提问时，应提供尽可能多的相关信息，这有助于文心一言更全面地了解问题背景，从而给出更具参考价值的建议。
- 避免使用主观性语言，如"我认为""我觉得"等，以确保问题的客观性和准确性。
- 避免使用歧义性语言，如"这个行业的前景如何？"等模糊表述，而应具体描述所关心的方面，如市场规模、增长趋势等，以便获得更明确的回答。

案例实战

：现在你是一名咨询公司专业顾问，你需要先列出你搜集到的权威机构数据及报告，然后结合你的专业思路来解答我有关产业发展的问题。我的第一个问题是：蓝牙耳机的盈利模式。

：权威机构数据及报告显示，蓝牙耳机的盈利模式主要来自于以下几个方面。

销售收入：蓝牙耳机可以通过直接销售获得收入。在市场上，蓝牙耳机的价格范围广泛，从几十元到上千元不等，不同价格的产品具有不同的性能、功能和品质。通过销售高品质、高附加值的蓝牙耳机，可以获取更高的销售收入。

授权费用：蓝牙技术是一种全球开放的标准，任何厂商只要遵循蓝牙技术规范都可以生产带有蓝牙标识的产品。蓝牙技术授权使用费占到了蓝牙技术企业的主要利润来源。通过向其他厂商授权使用蓝牙技术，可以获得一定的授权费用。

广告收入：在互联网时代，广告收入也成为一个重要的盈利模式。许多手机制造商、电信运营商等都会在产品上搭载自己的广告，通过广告投放获取收益。

增值服务：蓝牙耳机在使用过程中需要配合其他设备或软件使用，比如手机、电脑等设备以及相关的音频软件等。这些设备或软件可能需要付费购买或使用，因此蓝牙耳机厂商可以通过提供这些增值服务来获取一定的收益。

结合以上权威机构数据及报告，可以看出蓝牙耳机的盈利模式比较多样化，销售收入、授权费用、广告收入和增值服务都可以为蓝牙耳机厂商带来利润。但是需要注意的是，不同的厂商和市场定位可能选择不同的盈利模式。

3.2 营销文案写作：撰写令人瞩目的营销方案

在当今高度竞争的市场环境中，出色的营销文案对于塑造企业和产品的独特品牌形象、吸引潜在客户以及推动销售增长具有至关重要的作用。本节将深入探讨如何撰写各类高效营销文案，涵盖小红书营销方案、UP主带货脚本、软文及活动标语等，旨在助力读者掌握专业、精练且吸睛的书面表达技巧。

3.2.1 小红书营销文案

文心一言能够根据输入的内容，生成高质量的文案，为用户节省时间和精力，进而提升工作效率。它能够激发灵感，提供创意，并根据特定的营销目标和受众需求，生成既优秀又具有创意和吸引力的营销文案。在确定文案主题和风格后，文心一言即可迅速生成符合要求的文案。

在使用文心一言撰写小红书营销方案时，用户需要注意以下几点。

- 深入了解目标受众的特点和需求，确保内容创作能够精准地触达他们的兴趣点。
- 充分利用文心一言的功能，强调产品或品牌的独特性和优势，使营销文案能够凸显出产品或品牌的与众不同。
- 注意控制内容的长度和节奏，力求用精练的语言准确地传达观点和产品特点，避免冗长和拖沓。
- 根据读者反馈和数据，及时调整文案内容和风格，以优化营销效果，提高转化率。

此外，在使用文心一言时，用户还应注意保持文案的原创性和独特性，避免过度依赖生成工具而忽视了自身的思考和创意。同时，定期更新和优化文案也是提升营销效果的关键环节。

案例实战

🔵：我想在小红书上撰写"家居好物分享"的帖子，并且形成自己独有的风格，可以帮我示范一个比较受欢迎的文案吗？

🔷：当然可以！以下是一个比较受欢迎的家居好物分享文案，供你参考。

打造温馨小窝，这些家居好物功不可没！

欢迎来到我的家居好物分享时间！今天我要给大家介绍一些让我的小窝变得更加温馨舒适的家居好物。如果你也喜欢打造舒适的家，那就跟我一起来看看吧！

首先是我最喜欢的沙发，这款沙发不仅舒适度满分，而且颜值也超高！每次坐在上面看电视或者看书，都能让我感到无比放松和惬意。如果你也想拥有一个舒适的沙发，不妨试试这款哦！

接下来是我最近入手的一款餐具套装，这款套装不仅颜值超高，而且质量也非常不错。每次用餐时，都能让我感到无比愉悦和满足。如果你也想让自己的餐桌变得更加美观和有趣，那就赶紧入手一套吧！

最后是我最近购买的一款床品四件套，这款四件套不仅舒适度满分，而且颜值也超高！每次躺在上面都能让我感到无比放松和舒适。如果你也想拥有一个舒适的睡眠环境，那就赶紧入手一套吧！

这就是我今天的家居好物分享啦！希望这些好物能够给你们的小窝也带来一份温馨和舒适。如果你们有什么其他的家居好物想要分享，也可以在评论区告诉我哦！让我们一起打造温馨的小窝吧！

#家居好物分享 #温馨小窝 #打造舒适的家

3.2.2　UP主带货脚本

带货脚本在直播流程规划、话术管理、氛围营造、转化率提升、口碑建立以及总结优化等方面发挥着重要作用。而使用文心一言来撰写带货脚本，UP主们可以享受到诸多优势：文案质量得到显著提升，节省了大量时间和精力，获得了丰富的创意和灵感，能够更精准地定位受众，灵活适应市场变化，进而提升自身的竞争力。这样的带货脚本无疑为UP主们的直播活动提供了强有力的支持。

案例实战

🔵：现在你是一位UP主，你需要根据我给出的商品信息撰写一个视频带货脚本。你需要放大商品的亮点价值，激发购买欲。接下来是这款商品的信息：商品名称：羽绒保暖被；商品亮点：大容量、保温性能好、便携性强。

: 视频带货脚本：羽绒保暖被

开场

镜头缓缓推进，展现羽绒保暖被的全貌。

旁白："大家好，我是×××，今天给大家带一款冬季不可或缺的保暖神器——羽绒保暖被"！

亮点1：大容量

镜头展现被子完全展开的状态。

旁白："看！它的大容量设计确保你在冬夜的每一个角落都能感受到温暖，无论是单人还是双人使用，都能完全满足。"

亮点2：保温性能好

镜头切换至被子内部，展示羽绒细节。

旁白："你知道吗？羽绒是自然界中最佳的保暖材料之一。这款被子采用高质量的羽绒，确保你在寒冷的冬夜也能拥有温暖的睡眠。"

接着展示被子内外温差对比实验（如使用热成像仪）。

旁白："你看，即使外界温度骤降，这款羽绒被依然能保持内部的温暖，这就是它的魔力所在！"

亮点3：便携性强

镜头展现被子的收纳袋和收纳过程。

旁白："别看它这么大，收纳起来可是非常方便的！配备专用的收纳袋，即使在旅行或外出时，也能轻松带上它，享受温暖的睡眠。"

结尾

镜头拉远，再次展现羽绒保暖被全貌。

旁白："冬天来了，别再让你的身体受冻了。快来购买这款羽绒保暖被，给自己一个温暖的冬夜吧！"

同时展示购买链接或优惠信息。

旁白："现在购买还有限量优惠哦，机会难得，千万不要错过！"

3.2.3 写软文

不同的读者群体和媒体平台确实偏好不同的写作风格。有的读者钟爱轻松幽默的笔触，而有的则倾向于严肃专业的论述。文心一言的独到之处在于，它能够根据用户的实际需求，灵活生成各种风格和语气的文章，从而更有效地吸引并满足目标读者。更值得一提的是，文心一言还能以较低的成本产出高质量的软文，显著降低了企业的营销成本。

案例实战

: 请作为一名专业的营销人员，写一篇关于"智能家居音箱"的软文，要求主题明确、结构合理、语言简洁、风格统一。请注意软文写作的要点和技巧，以及突出产品或服务的特点和优势。

🅰：让家触手可及，用声音温暖每一个角落——你值得拥有的智能家居音箱

家，不仅是一个住所，更是我们灵魂的归宿。如何让家变得更温馨、更便捷？让我们一同走进智能家居的新纪元，体验由智能家居音箱带来的魔幻变化。

一、随时随地，听你心声

想要听一首歌、查询天气或者设置一个闹钟？无须动手，只需对智能家居音箱轻轻一句："小音，播放我的晨间曲单。"瞬间，悠扬的音乐弥漫整个房间，带给你愉悦的心情。

二、家的智慧，尽在其中

家里的各种设备都可以通过智能家居音箱来控制。想要开灯、关窗、调节空调温度，只需简单的语音指令，一切按你所愿。

三、安全卫士，时刻守护

家的安全是我们最为关心的。智能家居音箱内置了高灵敏度的麦克风和红外传感器，无论你在家中的哪个角落，一旦发生异常情况，它都能第一时间为你报警，并通过手机App给你发送信息提醒。

四、孩子的最佳伙伴

对于家长来说，智能家居音箱更是孩子的好伙伴。它可以为孩子播放儿歌、讲故事，还能回答孩子的各种好奇问题，让孩子在快乐中成长。

五、节能环保，从点滴做起

智能家居音箱不仅功能强大，还非常注重节能环保。它采用了低功耗设计，即使长时间使用也不会耗费太多电力。此外，它还可以根据你的生活习惯，智能调节家中的电器设备，实现最佳的能源利用效果。

选择智能家居音箱，不仅是为了生活的便捷，更是为了家的温暖和幸福。在这个科技日新月异的时代，让我们一起步入智能家居的新纪元，感受由智能家居音箱带来的美好生活吧！你，值得拥有！

3.2.4　写活动标语

学会使用文心一言来撰写活动标语，不仅能提高效率、提升创意水平，还能灵活适应不同的语言风格，降低创作难度的同时，更好地完成标语创作任务，进而增强活动的吸引力和影响力。以下是使用文心一言撰写活动标语时的注意事项。

- 用户应提供准确的信息，如活动的主题、亮点和特色，以确保文心一言能够充分理解需求，并生成符合要求的标语。

- 明确活动的目标受众，选择恰当的语言风格，以确保标语能够引起受众的共鸣和

兴趣。

- 突出活动的亮点，如特邀嘉宾、精彩环节或诱人的活动奖品，以吸引更多人的关注和参与。
- 注意标语的长度，生成的标语应简洁明了，能够在有限的字数内有效传达活动的核心信息。

案例实战

👤：请作为一名知名广告创意人，为"家家福商场春节联欢会"活动创作一条标语，要求主题明确、结构简洁、节奏感强、风格独特。

💬：作为知名广告创意人，为"家家福商场春节联欢会"活动创作了一条标语，供你参考。

"新春嘉年华，家家福共度欢乐时光。喜庆团圆，让每一刻都成为永恒。"

这条标语的创作理由如下。

主题明确：标语中明确提到了"家家福商场春节联欢会"，确保了活动主题的准确传达。

节奏感强：采用了节奏感较强的词语组合，如"新春嘉年华""喜庆团圆"，使标语读起来更具韵律感。

结构简洁：使用了简短的句子和常见的词汇，让读者能够快速理解标语的含义，同时方便记忆和传播。

风格独特：通过运用形容词如"欢乐时光""永恒"等，给标语赋予了一种温馨、感人的风格，与春节联欢会的氛围相契合。

此外，家家福商场的名称也被巧妙地融入了标语中，强调了商场与活动的紧密关系。

希望这个回答能够满足你的需求，如果你有任何其他问题或需要进一步的帮助，请随时告诉我。

在实际应用过程中，该标语可以根据具体场景进行适当的调整和优化，以确保其最佳效果。

3.3 · 职场百宝箱：助你解决各类难题

在现代职场环境中，面对丰富多样的工作需求，拥有一套全面而实用的技能显得尤为重要。本节旨在提供一个详尽的职场技能指南，范围涵盖从活动策划到合同撰写等多个领域，助力职场人士更加游刃有余地应对各类工作挑战。

3.3.1 活动策划

使用文心一言进行活动策划具有诸多优势，如提高效率、激发创意、智能化推荐、降低难度、实时反馈和优化、多样化的输出形式以及促进团队协作和沟通等。这些优势有助于策划人员更好地完成活动策划任务，从而提升活动的质量和效果。以下是使用文心一言进行活动策划时需要注意的事项。

- 在开始策划前，明确活动的基本信息至关重要，包括主题、时间、地点、预算等。在提供这些信息时，应尽量使用简洁明了的语言，以便文心一言更好地理解并生成符合要求的策划方案。
- 向文心一言提出具体的策划任务时，应确保任务描述具有可操作性。例如，设计活动流程、制定预算、策划活动内容等，这些明确的任务有助于文心一言生成更实用的策划方案。
- 提供相关背景信息也是关键的一步。这些信息可能包括活动参与者的特征、行业趋势等，有助于文心一言更深入地理解活动需求，并生成更具针对性的策划方案。
- 在收到文心一言提供的策划方案后，务必仔细检查并确认方案是否符合你的需求。这一步至关重要，可以确保活动的顺利进行和最终的成功。

案例实战

🧑：我们是一个小型团队，请帮我策划一个适合20人的万圣节活动。

💡：好的，以下是一个适合20人的万圣节活动策划方案。

一、活动主题和目标

主题：万圣节惊悚派对

目标：增强团队凝聚力，提高员工归属感，让员工度过一个有趣的万圣节。

二、活动时间和地点

时间：10月31日（万圣节前夜）

地点：公司会议室或其他室内场所

三、活动内容

万圣节装扮比赛：要求每个员工都进行万圣节装扮，可以是恐怖、搞笑、创意等各种风格。设立评委团进行打分，评选出最佳装扮奖。

惊悚游戏环节：准备一些与万圣节相关的惊悚游戏，如猜谜语、寻找隐藏物品等。通过游戏让员工们更加融入万圣节氛围。

鬼故事分享：邀请员工们轮流分享一段恐怖的鬼故事，让大家感受万圣节的惊悚氛围。

万圣节美食：准备一些万圣节特色美食，如南瓜派、鬼怪饼干等。让员工们在品尝美食的同时感受节日氛围。

舞蹈狂欢：播放万圣节主题音乐，邀请员工们一起跳舞狂欢，将派对推向高潮。

四、活动预算

根据活动规模和需求，制定合理的活动预算。包括场地租赁费、装饰费、游戏道具费、美食材料等费用。具体预算根据实际情况进行调整。

五、宣传推广计划

通过公司内部邮件、公告板等方式进行活动宣传，确保所有员工都了解活动信息。同时，可以在社交媒体上进行宣传，吸引更多人关注和参与。

六、参与者和嘉宾

参与者：公司全体员工（20人）

嘉宾：无须特邀嘉宾，可以邀请其他团队或部门成员参加。

七、活动进度和流程安排

活动前期准备（1~2周）：包括场地布置、游戏道具准备、美食材料采购等。

活动当天安排（10月31日）：下午进行装扮比赛和游戏环节，晚上进行鬼故事分享、美食品尝和舞蹈狂欢。具体流程根据实际情况进行调整。

活动后期总结（1周）：收集员工反馈意见，评估活动效果，总结经验教训，为今后的活动策划提供参考。

八、现场管理和安全保障

在活动现场，需要安排专人负责现场管理和安全保障工作。包括确保员工安全、维护现场秩序、处理突发情况等。同时，需要提前进行安全检查，确保场地和设施的安全性。

九、效果评估和总结

在活动结束后，进行效果评估和总结。包括收集员工的反馈意见、评估活动效果、总结经验教训等。以便为今后的活动策划提供参考和借鉴。

3.3.2 制作PPT

使用文心一言制作PPT的具体操作步骤如下。

01 进入插件商城。单击"已选插件"按钮，打开插件列表。再单击"插件商城"按钮进入插件商城，如图3-4所示。

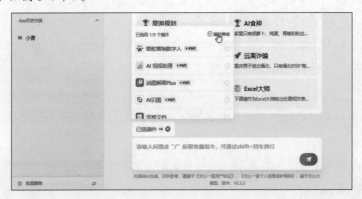

图3-4

02　安装"PPT助手"插件，如图 3-5所示。

图 3-5

03　输入演示文稿的主题。单击"已选插件"按钮，打开插件列表，然后向下滚动插件列表
找到并选择"PPT助手"。在指令框中输入"生成一份关于野生动物保护的PPT"，然后单
击右侧按钮发出指令，如图 3-6所示。

图 3-6

04　等待AI生成演示文稿。PPT助手会立即开始演示文稿的设计和生成，稍等片刻即可查看生
成的演示文稿，如图 3-7所示。

图 3-7

05 下载生成的演示文稿。"PPT助手"支持预览生成的完整幻灯片，单击右上角的"下载"按钮，即可将生成的演示文稿下载到计算机中，如图 3-8所示。

图 3-8

3.3.3 邮件处理

使用文心一言进行邮件处理，可以更好地管理收件箱，优先处理重要邮件，从而避免遗漏或延误。此外，它还能提高效率、实现智能回复、便捷地提取信息、有效过滤垃圾邮件、提供智能提醒、增强邮件安全性，并促进团队协作与沟通。

案例实战

: 请帮我总结一封电子邮件的内容，总结需要包含以下4个部分：【重要性】根据内容判断事项是否重要，结果包含重要、不重要；【紧急性】根据内容判断事项是否紧急，结果包含紧急、不紧急；【核心内容】使用一句简短的话总结邮件最核心的内容；【需要回复内容】请判断邮件中哪些内容需要获得我的回复/确认，以列表形式呈现。接下来，请根据下面邮件的内容进行摘要。

亲爱的全体员工：为了改善大家的身心健康，提高工作效率，公司特别安排了一场瑜伽兴趣培训，现将培训内容通知如下：

日期及时间：8月15日（周六）上午9:00至11:00。

地点：公司三楼活动室（面积120平方米，可容纳30人参加培训）。

培训内容：专业瑜伽教练将为大家进行基础的瑜伽技能和健康知识培训。

瑜伽是一种低强度有氧运动，适合各年龄层人群。它能够通过姿势练习、呼吸技巧等，改善身体的柔韧性和平衡感，帮助人体各系统更好地运行，有效减压提神。

本次培训重点讲解：（1）基本的瑜伽哲学及其健康效果介绍；（2）冥想和呼吸技巧演练；（3）十多种常见的基础瑜伽姿势示范及练习（包括猿人式、波浪式、斜 Supported Headstand 等）；（4）瑜伽练习时需要注意的安全事项；（5）瑜伽适宜穿戴的服装和个人物品；（6）参与培训后如何延续瑜伽运动。

培训具体流程：9:00—9:30 瑜伽基本概念介绍；9:30—10:10 练习冥想、呼吸及基础姿势；10:10—10:30 小休20分钟；10:30—11:00 继续练习高难度姿势并解答问题。

如有意参加本次瑜伽兴趣培训，请于8月10日前以邮件或电话方式告知我们，我方将安排培训。若你有任何问题或建议，也欢迎与我联系。感谢你的收听与参与。

: 【重要性】重要

【紧急性】紧急

【核心内容】公司安排了一场瑜伽兴趣培训，邀请员工参加。培训将介绍基础瑜伽技能和健康知识，帮助改善身心健康，提高工作效率。培训时间、地点和流程已确定。请于8月10日前告知是否参加。

【需要回复内容】

是否参加本次瑜伽兴趣培训

对培训的建议或问题（如果有）

注：请务必在8月10日前回复以便公司安排培训。

3.3.4 制定规则制度

规则制度在组织运营中具有举足轻重的地位，它保障了内部操作的规范性及一致性。接下来，我们将探讨如何巧妙地利用文心一言这一创新思维工具，以系统、高效的方式制定和优化规章制度。我们将从需求分析、内容起草，到修订和实施等各个环节进行深入浅出的阐述。通过深入学习与实践，读者将能够融会贯通创新思维和策略性思维，制定出更加契合组织实际需求、便于执行且灵活适应变化的规则制度，从而显著提高组织管理的效率和成果。

案例实战

👤：请为一家互联网公司撰写一份工作管理规则。

💬：工作管理规则

一、引言

为了规范公司员工的工作行为，提高工作效率，明确工作职责和权益，特制定本工作管理规则。本规则适用于公司全体员工，为公司的稳健发展和员工的职业成长提供有力保障。

二、工作时间与考勤

公司实行标准工作时间制度，员工应按照规定的时间上下班。加班需提前申请并经过部门主管审批。

员工应自觉遵守考勤制度，按时打卡。迟到、早退、旷工等行为将按公司规定进行处理。

三、工作职责与任务

员工应明确自己的工作职责和任务，按照公司要求完成各项工作。如需协助其他部门或团队，应积极配合。

工作中遇到问题应及时向部门主管汇报，共同寻找解决方案。对于重大事项，需向上级领导请示并报备。

四、保密与知识产权

员工应严格遵守保密协议，对公司的商业机密、客户信息等敏感信息予以保密。泄露公司机密将承担法律责任。

员工在工作中创作的作品（包括但不限于文案、设计、代码等）均属于公司知识产权，未经许可不得私自使用或泄露。

五、培训与发展

公司将为员工提供必要的岗位培训和专业发展机会，以提高员工的工作技能和综合素质。

鼓励员工参加外部培训和认证，提升自身价值。相关证书和成绩单需报备公司人事部门。

六、奖惩制度

公司将根据员工的工作表现和贡献给予相应的奖励和晋升机会。具体奖励措施包括但不限于加薪、奖金、晋升机会等。

对于违反公司规定、损害公司利益的行为，公司将按照相关制度进行处理，包括但不限于警告、罚款、解除劳动合同等。

七、附则

本规则由公司负责制定、解释和修改。

本规则自发布之日起执行，原有相关规定与本规则不符的，以本规则为准。

本规则未尽事宜，按照国家相关法律法规及公司其他规定执行。

如有疑问或需了解更多信息，请随时咨询人事部门或相关负责人。

3.3.5　撰写调研问卷

调研问卷是收集数据、了解受众需求和反馈的关键手段。在使用文心一言撰写调研问卷之前，必须首先明确调研的目标和核心问题。问题的类型可以多样化，包括选择题、填空题等。同时，设计问卷时应考虑其简洁性和易用性，确保受众能够轻松理解和回答。此外，要特别注意避免涉及敏感性和隐私性问题，以尊重受众并保护其信息安全。

案例实战

💬：请为一家餐厅设计一份餐厅菜品喜爱度的调研问卷，要求贴合调研主题，包含问题和选项。

🅖：餐厅菜品喜爱度调研问卷

尊敬的顾客：

为了了解您对我们餐厅菜品的喜爱程度，我们特此设计了这份调研问卷。您的宝贵意见将帮助我们改进菜品和服务，提升您的用餐体验。请您花几分钟时间填写问卷，我们将对您的回答保密。

一、基本信息

您的性别是？

A. 男

B. 女

您的年龄范围是？

A. 18岁以下

B. 18~25岁

C. 26~35岁

D. 36~45岁

E. 46岁以上

您多久光顾一次我们餐厅？

A. 第一次

B. 每周1~2次

C. 每月1~2次

D. 几乎不来

二、菜品评价

您最喜欢的菜品种类是？（多选）

A. 中式热炒

B. 西式料理

C. 日韩料理

D. 沙拉及凉菜

E. 甜品及饮品

您对我们餐厅菜品的口味如何评价？

A. 非常满意

B. 比较满意

C. 一般

D. 不太满意

E. 非常不满意

您认为我们餐厅的菜品在哪些方面需要改进？（多选）

A. 口味

B. 分量

C. 价格

D. 外观

E. 创新度

您是否愿意尝试我们餐厅的新菜品？

A. 是，非常愿意

B. 可能会尝试

C. 不太感兴趣

D. 不愿意尝试

三、服务评价

您对我们餐厅的服务态度如何评价？

A. 非常满意

B. 比较满意

C. 一般

D. 不太满意

E. 非常不满意

您认为我们餐厅在哪些方面可以提升服务水平？（多选）

A. 上菜速度

B. 员工礼貌程度

C. 环境卫生

D. 预订便捷度

E. 其他（请注明）_____。

四、整体评价与建议

您对我们餐厅的整体满意度如何？（1代表非常不满意，5代表非常满意）

请在以下横线上打分：_____。

您对我们餐厅有什么建议或意见吗？请您畅所欲言。

_____。

感谢您抽出宝贵的时间来填写这份问卷！我们将认真分析您的回答，并努力改进我们的菜品和服务。祝您用餐愉快！

3.3.6　周报生成器

文心一言具备快速分析、整理和处理海量信息的能力，因此能够迅速生成周报。这极大地节省了时间和精力，使用户能够将更多精力投入到其他关键任务中。通过这种方式，不仅能够显著提高工作效率，还能有效减少错误，并促进团队之间的协作与沟通。使用时，只需输入本周完成的工作内容、过程及结果等相关信息，即可轻松获得所需的周报。

案例实战

👤：帮我写一篇一周工作总结报告，本周我主要做了这些事情，制作了5部视频，发布在3个自媒体平台上，通过这些视频引流并添加了10个客户进行了详细的沟通和讲解，最终有5个客户开通了我们的会员服务。

💬：一周工作总结报告

一、工作背景及目标

本周我主要制作视频并通过自媒体平台引流，目标是增加客户并提高会员开通率。

二、工作内容

制作5部视频，发布在3个自媒体平台上。

通过视频引流，与10位潜在客户详细沟通。

最终5位客户开通会员服务。

三、工作成果与亮点

视频获得较高观看量和点赞数。

成功吸引10位潜在客户。

会员开通率达到50%。

团队协作和沟通能力得到提升。

四、问题与不足

视频质量参差不齐。

引流策略不够精准。

会员开通流程烦琐。

五、下一步工作计划及改进措施

提升视频制作技能，参加培训并请教经验丰富的同事。

优化引流策略，研究目标客户需求并制定精准策略。

简化会员开通流程，优化界面设计并提供客服支持。

注：将具体的工作内容、成果和问题进行了简化，并缩短了描述的长度，以便更简洁地呈现工作总结报告。

3.3.7 撰写合同书

使用文心一言来撰写具有法律效力的合同，确实可以大幅提高效率和准确性。然而，在使用过程中，我们也必须遵循一定的方法，并充分了解其局限性。首先，我们需要明确合同的基本结构，包括但不限于合同标题、双方信息、合同正文、签署部分等；其次，合同中的术语定义必须清晰明确，以免引起歧义；再者，双方的权利和义务必须详细列出，并确保公平合理；此外，选择适用的法律条款以及特定条件下的处理方式也是合同中不可或缺的部分；最后，对撰写完成的合同进行仔细的审查和必要的修改是确保合同准确性和合规性的关键步骤，不容忽视。

案例实战

：请写一份为期三年的房屋租赁合同，在合同中需要规避出租人可能遇到的法律风险，要求明确房屋基本信息以及甲乙双方的责任及义务。

：房屋租赁合同

甲方（出租人）：

姓名/名称：

身份证号码/营业执照号码：

联系地址：

电话：

乙方（承租人）：

姓名/名称：

身份证号码/营业执照号码：

联系地址：

电话：

鉴于甲方同意将其房屋出租给乙方使用，乙方同意按照本合同的规定支付租金和履行其他义务，双方经友好协商，依法订立本合同。

第一条 租赁房屋

1.1 甲方同意将其拥有产权或合法使用权的房屋出租给乙方，屋位于××××××，建筑面积为××平方米，用途为居住或办公。

1.2 乙方确认已经实地查看过该房屋，对该房屋的现状、格局、设备设施等情况已经了解清楚，并同意按照本合同的规定使用该房屋。

第二条 租赁期限

2.1 本合同的租赁期限为3年，自××××年××月××日起至××××年××月××日止。

2.2 租赁期满，乙方应将房屋交还甲方，并按照本合同的规定办理退租手续。若乙方需要继续租赁，应在租赁期满前60天与甲方协商续租事宜。

第三条 租金和支付方式

3.1 乙方应按照以下方式向甲方支付租金：每月租金为人民币××××元，共计××个月。乙方应于每月××日前将当月租金支付至甲方指定的银行账户。

3.2 如乙方逾期支付租金，每逾期一天，应向甲方支付逾期租金×%的滞纳金。如乙方逾期超过一个月仍未支付租金，甲方有权解除合同并要求乙方立即腾空房屋。

3.3 乙方应在本合同签订之日起3个工作日内向甲方支付押金人民币×××元。租赁期满并办理退租手续后，甲方应在3个工作日内将押金全额退还给乙方。若乙方未按照本合同的规定办理退租手续或有其他违约行为，甲方有权扣除相应费用后将剩余部分押金退还给乙方。

第四条 甲乙双方责任及义务

4.1 甲方的责任及义务：

（1）保证出租的房屋符合相关的建筑、防火、安全等标准，不存在法律纠纷和权利瑕疵。

（2）按照本合同的规定向乙方交付房屋，并保证在租赁期间内乙方对该房屋的正常使用。

（3）负责维修和保养该房屋及其附属设施，但因乙方过错造成的损坏除外。

（4）按照本合同的规定收取租金和押金，并开具正规的发票或收据。

4.2 乙方的责任及义务：

（1）按照本合同的规定支付租金、押金和其他费用。

（2）合理使用该房屋及其附属设施，不得擅自改变房屋结构、设备设施和功能用途。

（3）负责日常维护和保养该房屋及其附属设施，但因甲方过错造成的损坏除外。

（4）不得将该房屋转租、转让或借予他人使用，也不得利用该房屋从事违法活动。

（5）遵守物业管理规定和相关法律法规，配合甲方和物业管理公司的工作。

第五条 违约责任和处理方式

5.1 若甲方违反本合同的规定，导致乙方无法正常使用该房屋的，甲方应承担违约责任并赔偿乙方因此遭受的损失。若因甲方原因导致本合同无法继续履行，甲方应退还乙方已支付的未使用部分的租金和押金。

5.2 若乙方违反本合同的规定，甲方有权解除合同并要求乙方立即腾空房屋。若因乙方原因导致本合同无法继续履行，乙方已支付的租金和押金不予退还。同时，乙方还应承担违约责任并赔偿甲方因此遭受的损失。若乙方的违约行为给甲方造成损失的金额超过押金数额的，乙方应当在搬离房屋前补足相应的金额。

3.3.8 构思职场话术

在职场中，熟练掌握职场话术具有显著优势，它有助于我们与他人顺畅沟通、建立稳固关系、高效解决问题以及推动工作进展。因此，掌握职场话术对于职业发展和个人成长而言至关重要。文心一言作为一款智能工具，能够根据具体情境、话术风格以及关键内容，生成符合职场规范的语言表达。它为用户提供多种表达方式以供选择，从而有效帮助用户掌握职场话术，提升职场沟通能力。

案例实战

：请撰写一段风格严肃的语句来向直属领导描述公司新引进的环境污染处理系统，注意你需要结合这句话受众的人群特征来进行口语化的语言组织。

：领导，我想跟你汇报一下我们最近引进的环境污染处理系统。

这个系统非常厉害，它可以有效地净化废水、废气，还能降低噪声和处理固体废弃物，让我们公司的环境得到全方位的治理。

更重要的是，这个系统不仅达到了国家的环保标准，还能帮助我们公司节约不少成本，提高生产效率，可谓是一举多得。

我相信这个系统的引进一定是我们公司走向可持续发展的重要一步。

3.4 求职招聘：你的求职招聘神器

在快速变化的职场环境中，有效的求职与招聘策略扮演着连接求职者与企业的关键角色。本节将详细介绍如何利用文心一言这一先进工具，在求职与招聘的各个环节中提高效率和准确性，使其成为求职者和招聘者的得力助手。

3.4.1　岗位推荐

文心一言能够自动分析求职者的简历以及职位要求，通过综合考虑求职者的个人背景、技能和工作经验等信息，迅速而准确地为他们找到最适合的职位。利用文心一言进行岗位推荐，不仅可以提高匹配效率，实现精准匹配，还能为求职者提供个性化的推荐服务，从而提升他们的求职体验。对于企业而言，这种方式有助于降低招聘成本，并在人才市场中推动创新与发展。

案例实战

> 请为INTJ型人格的计算机专业求职者推荐岗位。

> INTJ型人格通常具有理性、独立、分析能力强和善于解决问题的特点，这些特点使他们在计算机科学和相关领域有出色的表现。以下是一些建议的计算机专业职位，特别适合INTJ型人格的人才。
>
> 软件工程师：软件工程师需要独立工作，解决复杂的问题，并设计创新的解决方案。INTJ型人格的分析和创新思维使他们在这个角色中表现出色。
>
> 数据科学家：数据科学家需要处理和分析大量的数据，寻找趋势和解决方案。INTJ型人格善于分析和解决问题，使他们成为这个角色的理想人选。
>
> 网络安全工程师：网络安全工程师需要识别和解决网络系统中的安全漏洞。INTJ型人格的分析和解决问题的能力使他们能够胜任这个工作。
>
> 系统架构师：系统架构师需要设计和优化复杂的计算机系统。INTJ型人格的独立和创新思维，以及他们对细节的关注，使他们在这个角色中表现出色。
>
> 人工智能研究员：人工智能研究员需要深入研究和理解复杂的算法和系统。INTJ型人格的好奇心和分析能力使他们在这个领域有出色的表现。
>
> 游戏开发员：游戏开发员需要设计和创建复杂的游戏系统和机制。INTJ型人格的创新和解决问题的能力，以及他们对细节的关注，使其能够胜任这个角色。
>
> 总的来说，INTJ型人格在计算机专业领域有很多机会，他们的分析能力、创新思维和解决问题的能力使他们能够在各种技术职位上取得成功。

3.4.2　求职信撰写

文心一言能够根据求职者的个人背景和需求，为他们提供精准的匹配与推荐服务。在文心一言的协助下，求职者可以更深入地了解自己的优势和特长，并在求职信中加以突出展示，从而提升自己在招聘方心中的竞争力，使自己在众多求职者中脱颖而出。

案例实战

👤：请为一名即将毕业的会计学专业大学生撰写一封求职信，要求内容包含：学历背景、擅长技能、求职岗位、自我评价。

🅰：尊敬的招聘经理：

我是一名即将毕业的会计学专业大学生，非常荣幸有机会向贵公司递交我的求职信。

一、学历背景

我目前正在××大学攻读会计学专业，预计在今年××月毕业。在大学期间，我深入学习了会计、财务、税务等领域的知识，并参加了多次会计实践活动，积累了丰富的实践经验。

二、擅长技能

熟练掌握Office办公软件和会计软件：我可以熟练使用Word、Excel、PowerPoint等办公软件，以及常用的会计软件如SAP、Oracle等，能够高效地完成各种数据处理和财务分析工作。

良好的沟通能力和团队合作精神：我具备良好的沟通能力和团队合作精神，能够与不同部门的人员进行有效的合作，共同完成任务。

较强的学习能力和适应能力：我具备较强的学习能力和适应能力，能够快速适应新环境和新工作，并不断学习和提高自己的专业水平。

三、求职岗位

我对贵公司的会计岗位非常感兴趣，希望能够加入贵公司的财务团队，发挥自己的专业知识和技能，为公司的发展作出贡献。

四、自我评价

我认为自己是一名有责任心、细心、认真的会计人员。在大学期间，我积极参加各种会计实践活动，不断提升自己的实践能力和专业水平。我注重团队合作和沟通，能够与同事和领导保持良好的关系，共同完成工作任务。同时，我也具备较强的学习能力和适应能力，能够快速适应新环境和新工作，并不断学习和提高自己的专业水平。我相信我的专业知识和技能能够为贵公司的财务团队带来价值。

感谢你抽出宝贵的时间阅读我的求职信。期待有机会与贵公司共创美好未来！

此致

×××

3.4.3　生成面试自我简介

使用文心一言来设计面试简介，确实可以带来诸多益处。首先，它能够显著提升语言的质量，使表述更为精准、流畅；其次，通过智能分析，文心一言能够帮助用户突出个人亮点，更好地展现自己的核心优势；再者，它能够体现专业性，确保面试简介在内容和格式上都符合行业规范；此外，使用文心一言还能节省用户大量的时间和精力，避免手动编写简历的烦琐过程；更重要的是，文心一言提供了个性化定制服务，能够根据用户的个人风格和需求，量身打造独一无二的面试简介；最后，它还能根据具体需求，生成适合的面试简介内容和表达方式，使求职者在面试中脱颖而出。

案例实战

> 请为我设计一段1分钟左右的产品经理岗位面试自我介绍。要求语言连贯通顺，突出个人亮点，体现专业性，让人眼前一亮。你需要结合我的以下信息来生成这段自我介绍：
> 教育背景：北师大项目管理专业硕士毕业。
> 工作经历：曾担任互联网大厂高级产品经理，拥有5年工作经验，曾从0到1设计过一款本地生活App的产品方案。
> 个人亮点：数据分析能力强、熟练掌握Python、SQL、Visio和Axure。

> 非常高兴有这个机会与你们交流。我是来自北师大项目管理专业的硕士毕业生。我曾担任互联网公司高级产品经理，拥有5年的工作经验。值得一提的是，我曾从0到1独立负责完整设计并成功推出过一款本地生活App的产品方案。
> 我的专长在于数据分析，不仅能够熟透业务数据，还擅长利用Python和SQL进行深度的数据挖掘和处理，这确保我在产品设计和优化过程中，始终基于数据做出最合理的决策。此外，我使用Visio来绘制流程图，Axure来制作高保真的产品原型，使我的产品设计更加专业、细致。
> 我认为作为产品经理，不仅要有出色的专业技能，更要有敏锐的市场洞察力和团队合作精神。在过去的5年中，我与研发、设计、运营等多个部门紧密合作，共同确保产品的顺利上线和迭代。我始终相信好的产品不是靠一个人，而是靠一个团队共同努力的结果。
> 我对贵公司招聘的产品经理岗位非常感兴趣，我相信我的专业背景和实际经验能为这个岗位带来巨大的价值。期待与你们深入交流，并有机会共同创造出色的产品。

3.4.4　根据JD优化简历

文心一言能够针对职位描述（JD）为用户优化简历，从而避免了用户反复修改和调整的烦琐过程，有效节省了时间和精力。通过深入解析JD中的具体职位需求，文心一言可以针对性地优化简历内容，帮助用户更加精准地展示自身的优势和价值。这样的优化不仅使简历更具吸引力，还能更好地吸引招聘方的关注，从而提高用户的面试通过率。

案例实战

> 简历标题：软件开发工程师，3年Java开发经验与熟练掌握Spring框架

个人信息：

姓名：×××

联系方式：手机：××××××××××，邮箱：××××@××××.×××

教育背景：

×××大学，计算机科学与技术专业，本科

技能摘要：

3年Java开发经验，熟悉Java SE/EE基础类库和多线程编程。

熟练掌握Spring框架（Spring Boot, Spring MVC, MyBatis），了解微服务架构和Docker容器技术。

熟悉数据库技术，包括MySQL、Oracle，掌握SQL语言。

工作经历：

××公司软件开发工程师（××××年××月至今）

期望职位：软件开发工程师/Java开发工程师

根据JD优化我的简历。

◎：简历标题：软件开发工程师，3年Java与Spring框架经验，精通数据库与微服务

个人信息：

姓名：×××

联系方式：手机：××××××××××，邮箱：××××@××××.×××

教育背景：

×××大学，计算机科学与技术专业，本科

技能摘要：

3年Java开发经验，精通Java SE/EE核心技术，包括JVM原理、多线程、集合框架、泛型等。

熟练掌握Spring全家桶（Spring Boot, Spring Cloud, Spring MVC, MyBatis），具备微服务架构设计和容器化部署经验。

精通数据库技术，包括MySQL、Oracle、SQL优化、事务处理等。

熟悉Linux操作系统和Nginx等服务器软件的配置和使用。

了解前端技术，如HTML、CSS、JavaScript、jQuery等，能与前端工程师良好协作。

具备良好的编程习惯和代码规范，注重团队协作和沟通，有Git等版本控制工具使用经验。

较强的学习能力、问题解决能力和抗压能力，具备多个项目的实战经验。

工作经历：

×××公司软件开发工程师（××××年××月至今）

负责公司后端业务逻辑开发及维护，具体工作内容包括：

参与项目需求分析和技术选型，与团队成员合作完成系统设计，确保系统架构的合理性和可扩展性。

使用Java和Spring框架进行后端开发，实现业务逻辑和接口，保证代码的健壮性和可维护性。

对接前端开发人员，联调接口，优化数据传输和处理性能。

负责数据库设计、SQL编写及优化，保障数据的安全性和一致性。

研究新技术和新方法，持续优化系统性能和用户体验。

项目经验：

××电商平台（××××年××月—××××年××月）

参与项目的后端开发，负责用户模块和订单模块的实现，通过优化算法和数据结构提升系统处理速度。

使用Spring Boot和微服务架构构建RESTful API，实现用户注册、登录、信息修改等功能，提高系统的可扩展性和可靠性。

集成支付宝和微信支付接口，完成支付功能开发，保障交易的安全性和实时性。

对接前端Vue.js框架，实现前后端数据交互，优化用户体验。

通过SQL优化和缓存策略提高数据库访问性能。

项目已上线运行，用户反馈良好，取得显著的经济效益。

自我评价：我是一名有责任心、认真细致的软件开发工程师，具备扎实的Java编程基础和良好的编程习惯。在工作中，我注重团队协作和沟通，能够与同事和领导保持良好的关系，共同完成工作任务。我对待工作认真负责，注重细节，追求卓越。在未来的工作中，我将继续努力提升自己的专业能力和综合素质，为公司的发展作出贡献。同时，我具备较强的学习能力和解决问题的能力，能够快速适应新技术和新环境。期望在未来的工作中不断挑战自我、实现自我价值。

期望职位：软件开发工程师/Java开发工程师/后端开发工程师。

3.4.5 生成JD

文心一言所生成的职位描述（JD）遵循标准化的格式和内容，这确保了不同职位的JD在结构和要求上保持高度一致。通过这种标准化的展示方式，公司的文化和价值观，以及职位的发展前景和晋升机会能够更清晰、更具体地呈现给求职者，进而吸引更多优秀人才的关注和申请。

案例实战

👤：你是公司的招聘主管，请给我一份中级会计师的招聘JD。

💬：当然可以，以下是一份关于中级会计师的招聘JD。

职位：中级会计师

一、职位描述

我们正在寻找一位经验丰富、专业扎实的中级会计师，加入我们的财务团队。你将在这里负责公司的财务会计工作，确保公司财务信息的准确性和合规性。

二、岗位职责

负责日常财务会计工作，包括账务处理、报表编制和财务分析等。

负责税务申报和审计工作，确保公司税务合规。

协助制定和完善公司财务政策和流程，提高财务管理效率。

与其他部门密切合作，提供财务支持和建议，推动业务发展。

完成上级交办的其他财务相关工作。

三、任职要求

财务、会计等相关专业本科及以上学历，持有中级会计师证书。

至少3年财务会计工作经验，有同行业经验者优先。

熟练掌握财务会计软件和相关工具，熟悉中国会计准则和税法法规。

具备良好的沟通能力和团队协作精神，能够承受一定的工作压力。

工作认真细致，责任心强，具备较强的学习能力和解决问题的能力。

四、我们为你提供

具有竞争力的薪资待遇和福利。

良好的职业发展和晋升机会。

完善的培训体系和学习资源。

宽敞舒适的工作环境和先进的办公设施。

定期的团队建设和员工活动，打造和谐团队氛围。

五、公司介绍

我们是一家××行业的领先公司，注重人才培养和团队建设。我们的财务团队是一个专业、高效、团结的团队，致力于为公司提供高质量的财务服务和支持。我们相信，通过你的加入和努力，我们可以共同为公司创造更大的价值！

3.4.6　生成面试问题

通过文心一言生成的面试问题，面试官能够更深入地理解职位要求，并据此生成更为具体、贴切的问题。这些问题有助于更全面、准确地评估候选人的能力、经验及个人特质，从而在面试过程中降低误判和主观偏见的风险。最终，这将有助于提高招聘的成功率和整体质量。

案例实战

：现在你是一名互联网公司的面试官，你将面试产品运营经理岗位的候选人，请从专业知识技能、通用能力、经验、个人特质四个角度出发，准备一个面试问题列表。

🅒：当然，我可以帮助你准备一个关于产品运营经理岗位的面试问题列表。以下是一些建议的问题，分别对应专业知识技能、通用能力、经验和个人特质四个方面。

专业知识技能：

你如何理解产品运营的角色和职责？

描述一次你使用数据驱动产品设计或运营决策的例子。

当产品面临困境，如用户量下降或收入下滑时，你会如何进行优化？

你使用过哪些产品分析工具？如何使用这些工具来指导产品运营？

如何结合用户体验和业务需求来进行产品优化？

如果让你设计一项新的产品运营策略，你会如何着手？

通用能力：

描述一个需要你跨部门协作以完成项目的例子。

当面临多个紧急任务时，你是如何进行时间和优先级管理的？

请描述一次你解决复杂问题或挑战的经历。

你曾经在团队中扮演过领导者的角色吗？那是如何进行的？

能否给我一个你接受批评，然后据此进行改进的例子？

当与团队成员或利益相关者有不同意见时，你会如何处理？

经验：

描述你在之前的工作中参与过的一个成功的产品运营项目。

在你过去的工作经历中，哪次失败让你学到了最多的经验？

你在过去是如何处理突发的产品运营危机的？

能否分享你在增长、留存或转化等方面的运营经验？

你是如何与开发者、设计师和市场团队协同工作的？

描述一次你根据用户反馈调整产品运营策略的经历。

个人特质：

你认为自己的哪些个人特质使你适合从事产品运营工作？

当遇到挫折或困难时，你通常是如何保持积极和专注的？

你如何描述自己的学习和适应能力？可以给出一个具体的例子吗？

在你看来，成功的产品运营经理需要哪些品质？

你是如何处理压力和保持工作生活平衡的？

当你的想法或建议被拒绝时，你会如何反应？请给出一个实例。

第 4 章

文心一言：答疑解惑我能行

本章将详尽介绍如何利用文心一言在教育教学、学生学习、知识问答、代码生成及论文写作这
5 个领域提供有力支持。作为一款尖端的人工智能语言模型，文心一言拥有出色的语言理解和
生成能力，为各行各业提供高效且便捷的解答与援助。在教育领域，文心一言的应用同样展现
出巨大潜力。它不仅能协助教师进行教学工作，为学生解答学习中的困惑，还能在知识问答、
代码编写及论文撰写等方面提供指导。通过具体案例与实操指南，读者将掌握如何运用文心一
言解决实际问题，进而提升教学与学习效率，推动知识的传承与创新。

4.1· 教育教学：教师工作好帮手

本节将着重介绍文心一言在教学实例生成、研究方法推荐、教学工具推荐、课程设计、中文作业批改以及出题押题等多个方面的广泛应用。这款工具能够显著助力教育工作者和学生提升教学效率，优化学习效果。通过具体案例的展示，本节将深入剖析文心一言在教学过程中的实际运用和价值，旨在帮助读者掌握利用这一先进技术提升教学质量和效果的有效方法。

4.1.1 教学实例生成

文心一言能够生成丰富、生动且具有针对性的教学实例，为教师提供了宝贵的教学资源，进而有助于学生更好地理解和掌握所学内容。借助文心一言，教师可以更高效地准备和组织课程内容，从而节省备课时间，减轻工作量，让他们有更多的精力去关注学生的个人发展和学习需求。

以下是使用文心一言生成教学实例时的注意事项。

- 明确教学目标：在使用文心一言生成教学实例之前，教师应首先明确教学目标，确保所生成的教学实例能够紧密围绕教学目标，满足实际教学需求。
- 具体要求明确：针对想要生成的实例类型，教师应给出具体的要求，如数学实例的题目类型、难度等级、涉及的知识点等，以便文心一言能够生成符合教师期望的教学实例。

案例实战

> 明天我要上数学课，教学内容是函数，平时的上课风格比较风趣幽默，你可以帮我生成一份教学实例吗？

> 主题：函数的概念与性质
>
> 一、引入（2分钟）
>
> 教师："大家好，欢迎来到数学课！今天我们要学习的是函数。你们知道什么是函数吗？不用担心，我不会给你们出一个像'请问1+1等于几？'这样的千古难题。简单来说，函数就像是一台神奇的机器，你给它一个输入，它就会给你一个输出。不信？那我们就一起来看看吧！"
>
> 二、概念解释（5分钟）
>
> 教师展示一个函数的例子，如$y=x^2$，并解释："这是一个简单的函数，它描述了x和y之间的关系。当x变化时，y也会随之变化。"
>
> 教师邀请学生互动："现在，请你们想象自己是一个魔法师，你们的魔法棒可以控制x的值。当你挥动魔法棒，x的值就会变化，然后y的值也会相应地变化。让我们一起来试试吧！"
>
> 三、性质探讨（8分钟）

教师："现在我们已经了解了函数的基本概念，接下来我们要探讨函数的性质。你们知道吗？函数也有自己的个性，有的函数喜欢独处（一对一），有的函数则喜欢交朋友（多对一）。让我们一起来了解一下这些有趣的'个性'吧！"

教师展示不同类型的函数图像（一对一、多对一等），并邀请学生讨论它们的性质。

教师："除了这些基本的性质，函数还有一些特殊的'技能'，比如奇偶性、周期性等。这些'技能'可以帮助我们更好地了解函数的性质和特点。"

四、应用实例（5分钟）

教师："现在我们已经了解了函数的基本概念和性质，接下来我们要看看如何在实际生活中应用这些知识。比如，你们去过游乐场吗？你们知道游乐场的摩天轮是怎么工作的吗？其实，摩天轮的运动就是一个典型的函数应用实例。"

教师展示一个摩天轮的运动模型，并解释如何利用函数来描述它的运动轨迹。

五、小结与回顾（2分钟）

教师："今天我们学习了函数的基本概念和性质，以及如何在实际生活中应用这些知识。希望这些内容能够帮助你们更好地理解函数，并在未来的学习和生活中发挥作用。最后，我要感谢大家的参与和支持！让我们一起努力，让数学课变得更加有趣和实用！"

提示：在使用文心一言生成教学实例的过程中，我们必须尊重知识产权、保障信息安全，并严格遵守相关法律法规。这是为了确保所生成的教学实例不仅能够满足实际教学需求，同时也符合法律法规的要求，做到合法合规。

4.1.2　研究方法推荐

文心一言具备快速分析和理解大量学术文献及研究资料的能力，它能准确识别和提取文献中的核心信息，如研究问题、研究方法、数据来源等。这种能力极大地帮助了研究人员更快地掌握当前的研究趋势，并找到适合自己研究问题的方法。通过文心一言的协助，研究的质量和效率都得到了显著提高，有力地推动了学术研究的进步和发展。

在使用文心一言时，研究人员应先确定研究领域和主题，这样文心一言就能更快地理解需求，并提供相关的方法建议。接下来，详细描述需求，例如所需的学习方法、研究方法或研究技术等。如果对推荐的任何研究方法有疑问或需要进一步的解释，研究人员可以随时提问或提供更详细的信息，以便文心一言能够给出更精确的建议。

案例实战

：我正在教我的学生研究"企业信息披露"。请为我的学生提供关键的学习方法、研究方法和数据收集技术。

：企业信息披露是一个重要的研究领域，它涉及如何向公众传达企业的财务状况、运营情况和风险管理等信息。为了帮助你的学生更有效地研究这一领域，以下是一些建议的关键学习方法、研究方法和数据收集技术。

学习方法：

理论基础：首先，确保你的学生熟悉相关的会计、金融和经济学理论，这些理论为企业信息披露提供了基础。

案例研究：使用真实的公司案例来帮助学生理解企业信息披露的实践，以及其中的挑战和机遇。

小组讨论：组织学生进行小组讨论，让他们分享对企业信息披露的看法，以及从不同角度对其进行批判性思考。

模拟练习：模拟实际的企业信息披露场景，让学生在实践中学习和应用知识。

研究方法：

文献回顾：查阅关于企业信息披露的学术文献，了解前人的研究成果和当前的研究趋势。

实证研究：设计实证研究，收集数据来测试企业信息披露与其影响因素之间的关系。

比较研究：比较不同国家或地区的企业信息披露制度和实践，以找出最佳实践和存在的问题。

案例对比：选择几家在信息披露方面表现各异的公司进行对比研究，分析其原因和影响。

数据收集技术：

公司年报：收集目标公司的年报，这是获取企业信息披露的主要来源。

官方网站：浏览公司的官方网站，获取其最新发布的新闻、投资者关系和可持续发展报告等。

监管机构数据库：访问相关监管机构的数据库（如证监会、交易所等），获取更详细和全面的信息披露数据。

第三方数据提供商：考虑与第三方数据提供商（如彭博、万得等）合作，他们可以提供大量的企业数据和研究工具。

社交媒体：关注公司在社交媒体上的活动，了解其如何向公众传达信息和管理其品牌形象。

问卷调查和访谈：设计调查问卷或进行访谈，收集企业内部人员或外部利益相关者对企业信息披露的看法和经验。

4.1.3　教学工具推荐

　　文心一言能够根据教学需求以及学生的学习状况，为教师推荐恰当的教学工具。这样，教师可以更轻松地找到既符合自己教学风格又能满足学生需求的教学工具，进而有效培养学生的自主学习能力。此举不仅提升了教学效果，还有助于学生的全面发展。

为了确保文心一言能够精准地推荐教学工具，用户需要清晰地阐述自己的教学需求和目标。同时，用户还应充分考虑学生的实际情况和需求，如年龄、学习水平及兴趣等，以确保推荐的教学工具真正适合学生使用。

案例实战

👤：请为小学三年级的英语课程推荐合适的App或教学工具。

🤖：对于小学三年级的学生，以下是一些适合他们的英语应用程序和教学工具。

爱花朵少儿英语App：这是一款专为小学生打造的英语学习软件，支持各种小学教材，与学校课程完全同步。它有多种方式帮助孩子学习，包括单词配图、英语动画、英文儿歌、英语小游戏等，使学习更加有趣。此外，还有同步课程测试和海量题库，用于巩固学习效果。

《小学英语三年级》（上/下）（北师大出版社）App：提供与教材同步的英语课程资料，包含单章朗读、全文朗读和循环朗读等，方便学生随时随地学习英语。

少儿英语卡片学习App：含有大量英语卡片，包括动物、颜色、数字等，帮助学生学习基础的英语词汇。每一张卡片都有相应的声音和图像，有助于孩子理解单词的含义。

此外，还可以考虑使用英语趣配音等App来辅助教学。请注意，这些建议仅供参考，最好结合孩子的实际情况和学习需求来选择合适的App或教学工具。

提示：对于文心一言所推荐的教学工具，用户应认真了解其各项功能、具体使用方法以及适用场景等信息。这样的细致了解有助于用户在实际教学过程中充分发挥工具的作用，提升教学质量。

4.1.4　课程设计

文心一言能够根据教师的教学需求以及学生的学习状况，创造性地生成个性化的课程方案。通过文心一言，教师可以更全面地掌握学生的学习状况和需求，从而在教学资源的分配和教学策略的制定上更加公平与合理。这不仅有助于提升教学效果，更能推动教学模式的创新与变革，为教育的发展注入新的活力。

案例实战

👤：我是一位初中英语老师，请你为我设计课程。

🤖：当然可以，以下是一个针对初中学生的英语课程设计。

一、课程名称：初中英语综合提升课程

二、适用对象：初中学生

三、课程时长：一学期（约20周），每周2小时

四、课程目标：通过本课程的学习，学生将能够全面提升英语听、说、读、写的能力，掌握初中英语的核心知识点，培养英语学习兴趣和良好的学习习惯。

五、教学内容及活动设计：

第1~2周：

主题：课程介绍与基础语法复习

内容：介绍课程目标、教学方式和评估方式；复习基础语法知识，如名词、动词、形容词等。

活动：学生自我介绍；小组合作制作英语词汇卡片。

第3~6周：

主题：听力与口语提升

内容：学习常见的基础词汇和日常用语，进行听力与口语练习。

活动：听录音选答案；角色扮演进行口语练习。

第7~10周：

主题：阅读理解与词汇拓展

内容：通过阅读简单的英文文章，学习阅读技巧，拓展词汇量。

活动：小组讨论阅读材料的内容；词汇拓展比赛。

第11~14周：

主题：写作与语法进阶

内容：学习基本的写作技巧，如段落构造、句式变化等；学习进阶的语法知识。

活动：小组合作写作练习；语法知识竞赛。

第15~18周：

主题：文化知识与综合运用

内容：学习英美文化背景知识，提升跨文化交际能力；综合运用所学知识进行口语和书面表达练习。

活动：英美文化分享；综合运用练习题。

第19~20周：

主题：期末复习与测试

内容：复习本学期所学知识点，进行期末测试。

活动：小组合作制作复习资料；期末测试。

六、期末评估：通过平时成绩（作业、课堂参与度等）和期末测试成绩进行综合评估。同时，关注学生的进步情况和学习态度，给予积极的反馈和鼓励。

七、教学建议：在教学过程中，关注学生的个体差异和学习需求，提供个性化的学习指导和支持；鼓励学生积极参与课堂活动和互动合作，培养自主学习和合作学习能力；注重实际运用和实践练习，帮助学生将所学知识应用到实际生活中去。

4.1.5 中文作业批改

通过自动批改和评估学生的作业，教师能够迅速掌握学生的学习状况及存在的问题，从而进行有针对性的教学。这种自动化的批改方式不仅节省了教师批改作业的时间，还减少了批改过程中可能出现的错误，极大地提高了工作效率和教学质量。

案例实战

> 选择题：（1）下列成语使用不当的一项是（C）。
>
> A.他为了完成项目，不辞辛劳，三顾茅庐请专家指导。
>
> B.老师告诉我们，写文章要简明扼要，切忌冗长累赘。
>
> C.他的演讲非常精彩，全场鸦雀无声，大家都被他深深吸引。
>
> D.面对同学家的不幸，大家纷纷伸出援助之手，捐款捐物，鼎力相助。
>
> （2）下列句子中没有语病的一项是（B）。
>
> A.通过观看电影《摔跤吧，爸爸》，使我重新认识了努力与拼搏的意义。
>
> B.全球将近200多个国家共同签署了《巴黎协定》，目的是应对气候变化带来的挑战。
>
> C.是否有坚强的意志，是一个人取得成功的关键。
>
> D.为了防止食物浪费，餐馆推出"半份菜"点餐模式。
>
> （3）修改病句：他穿着一件灰色的上衣，一顶蓝色的帽子。
>
> （4）填空题：在"之"结构的成语中，与"天之骄子"意思相近的是"天之宠子"。

> 批改：选择题（1）正确答案为A。
>
> 解释：A选项中的"三顾茅庐"原意是指三次上门拜访，比喻诚心实意地一再邀请。在这个句子中，使用"三顾茅庐"并不恰当，因为这里并没有上门拜访的情境。
>
> 选择题（2）正确答案为C。
>
> A选项中"通过"与"使"重复，应去掉其中一个。B选项中"将近"与"多"重复，应去掉其中一个。D选项中"为了防止食物浪费"的目的是多余的，应该去掉。
>
> 因此，没有语病的句子是C选项："是否有坚强的意志，是一个人取得成功的关键。"
>
> 修改病句：他穿着一件灰色的上衣和蓝色的帽子。
>
> 批改：修改建议：将"和蓝色的帽子"改为"，戴着一顶蓝色的帽子"。
>
> 解释：原句中的"和"连接的并列成分不恰当，应该使用逗号来分隔上衣和帽子，并加上动词来描述帽子是被穿戴在头上的。
>
> 填空题：在"之"结构的成语中，与"天之骄子"意思相近的是"天之_宠_子"。
>
> 批改：答案正确。
>
> 解释：与"天之骄子"意思相近的成语是"天之宠子"，其中"宠"意为宠爱、珍视，与"骄"的意思相近。

4.1.6　出题押题

文心一言能够深入分析学生的学习状况及历史数据，从而精准地预测考点和重点。这一功能不仅提高了押题的准确性和针对性，还有效降低了人为因素对试题难度和押题准确性的影响。通过这种方式，教师的工作负担得以减轻，而学生的学习效果和应试能力也得到了显著提升。

案例实战

:我是一个初中数学老师，请你帮我出一份期中考试题目并押题。

:一、选择题

下列哪个选项是方程2x-3=5的解？（　　）

A. x=1

B. x=2

C. x=3

D. x=4

下列哪个图形是中心对称图形？（　　）

A. 等边三角形

B. 矩形

C. 菱形

D. 正五边形

二、填空题

若x+3的绝对值等于5，则x=_____。

点P（3,-4）关于y轴的对称点P'的坐标为_____。

三、解答题

解方程：3（x-2）+5=2x-1。

已知三角形ABC的三边长为a、b、c，且满足a^2+b^2+c^2=ab+bc+ac，判断三角形ABC的形状。

四、应用题

一家商店卖出两种不同品牌的手机，其中一款手机比另一款贵20%，如果较便宜的手机价格为1200元，那么较贵的手机价格为多少元？

一辆汽车从甲地到乙地需行驶180km，前一小时行驶了60km，后一小时行驶了80km，求汽车的平均速度。

以上是初中数学期中考试题目的一些例子。为了进行押题，你可以参考以下建议：

根据历年真题和教学大纲，预测可能的考点和重点。例如，方程、图形、三角形等知识点是初中数学常见的考点。

利用一些智能预测工具或教学资源，了解最新的考试动态和趋势。例如，关注教育部门或相关机构的官方网站，获取最新的考试信息和要求。

结合学生的实际情况和学习需求，制定合理的复习策略。例如，针对学生的薄弱环节进行重点复习和练习，提高学生的应试能力和自信心。最终目的是帮助学生全面掌握知识点和提高应试能力。

4.1.7 复习内容生成

文心一言在深入分析学生的学习数据时，能够准确地识别出学生的薄弱环节以及需要重点复习的知识点。此外，它还能推荐相关的知识点和题目，有助于学生深化理解。以下是使用文心一言生成复习内容的具体步骤。

01 输入关键词或知识点，如"初中数学方程""三角形性质"等，以便文心一言能够明确复习的主题和范围。

02 根据实际需求选择合适的生成方式，如选择题、填空题、解答题或知识点总结等。这样可以确保生成的复习内容既符合教学要求，又能满足学生的学习需求。

03 根据学生的学习情况和掌握程度，灵活调整生成的复习内容的难度和数量。这样做可以确保复习内容既具有挑战性，又不会过于超出学生的能力范围，从而帮助学生更有效地进行复习。

案例实战

💬：我想复习初中数学方程，你可以帮我生成相关复习内容吗？

🤖：当然可以，我可以为你提供一些关于初中数学方程的复习内容。

一、知识点回顾

一元一次方程：形如$ax+b=0$（$a \neq 0$）的方程，求解方法是通过移项和化简，得到x的解。

二元一次方程组：形如$\{ax+by=c; dx+ey=f\}$的方程组，求解方法包括代入法、消元法等。

一元二次方程：形如$ax^2+bx+c=0$（$a \neq 0$）的方程，求解方法包括公式法、配方法、因式分解法等。

二、重点与难点

掌握各类方程的解法及其应用。

理解方程解的意义，会检验解的合理性。

会列方程（组）解决简单的实际问题。

三、典型例题解析

解方程（一元一次方程）：$3x-5=7$。

解析：通过移项和化简，得到x的解。即$3x=12$，解得$x=4$。

解方程组（二元一次方程组）：{2x+y=6；x−y=2}。

解析：采用代入法或消元法求解。解得x=2，y=2。

解方程（一元二次方程）：x²+3x+2=0。

解析：采用公式法、配方法或因式分解法求解。解得x=−1或x=−2。

四、练习题

解方程：4x−7=9。

解方程组：{3x+2y=12；x−y=3}。

解方程：2x²+5x+2=0。

五、注意事项

解方程时要注意移项的符号变化和化简过程。

解方程组时要选择合适的方法，如代入法、消元法等。

解一元二次方程时要注意判别式的计算和选择合适的解法。

> 提示：要求文心一言紧密结合教学大纲、历年真题以及学生的实际情况，精准确定需要复习的知识点和重点。这样能够确保所生成的复习内容既全面覆盖重要知识点，又能突出重点，有助于学生高效地进行复习准备。

4.1.8　设计幼儿园教学活动

使用文心一言时，教师可以通过输入相关的幼儿信息和教学目标，让模型生成针对性的教学活动方案。文心一言会全面考虑幼儿的发展阶段、兴趣爱好和学习方式，同时结合教学目标和内容，生成一套既贴近幼儿需求又富有教育意义的教学活动方案。这一功能极大地节省了教师的时间和精力，并为他们提供了更加科学且多样化的教学方案选择。

案例实战

👤：请作为一名幼儿园的老师，设计一些课外活动来提高小朋友的动手能力，并能够激发他们的创造力。

💬：作为一名幼儿园老师，为了提高小朋友的动手能力和激发他们的创造力，我设计了以下一些课外活动。

1.创意手工制作：提供各种材料和工具，如彩纸、剪刀、胶水、彩笔等，让小朋友们自由发挥想象力，制作自己喜欢的手工作品。这可以锻炼他们的手部协调能力和创造力。

2.绘画创作：为小朋友们准备画布、颜料和画笔，鼓励他们用绘画的方式表达自己的思想和感受。在这个过程中，教师可以引导他们尝试不同的绘画技巧和风格，激发他们的创造力。

3.搭建积木游戏：提供各种类型的积木，让小朋友们自由搭建，创造出不同的建筑和场景。这可以锻炼他们的空间想象力和动手能力，同时激发他们的创造力。

4. 厨艺小课堂：让小朋友们参与简单的厨艺活动，如制作水果沙拉、烘焙小点心等。这不仅可以锻炼他们的动手能力，还能培养他们的生活技能，激发他们的创造力。

5. 角色扮演游戏：设置不同的场景和角色，让小朋友们进行角色扮演游戏。这可以让他们在游戏中发挥想象力，创造不同的故事情节和对话，激发他们的创造力。

6. 自然探索活动：组织小朋友们进行户外自然探索活动，如采集植物、观察昆虫等。这可以让他们更加亲近大自然，培养他们的观察力和探索精神，同时激发他们的创造力。

通过这些课外活动，小朋友们可以在实践中提高自己的动手能力和创造力，同时享受到学习的乐趣和成就感。作为教师，我会关注每个小朋友的进步和需求，为他们提供适当的指导和支持。

提示：在使用文心一言生成幼儿园教学活动方案时，需特别关注以下几个方面：适应幼儿的发展水平、注重游戏化教学以激发幼儿兴趣、强调互动与参与以促进幼儿社交能力、关注个体差异以满足每个幼儿的发展需求、保障活动的安全性以确保幼儿身心健康、提升活动的有效性以实现教学目标，以及注重活动的创新性以培养幼儿的创造力和想象力。

4.1.9　引导提问技巧

引导提问技巧在教学领域中是一种极为实用的策略，它能够有效地激发学生主动提出问题并积极参与课堂讨论。借助文心一言来优化沟通技巧，教师可以运用其提供的策略来指导学生提出问题，进而锻炼学生的口头表达与逻辑思维能力，全方位提升他们的沟通能力。这一过程不仅有助于培养学生的自信心和表达能力，更为他们的未来发展奠定了坚实的基础。

在使用文心一言时，首先需要明确你想要达成的具体目标，无论是获取信息、解决问题，还是希望文心一言生成特定的提问技巧；其次，强调关键信息并设定明确的任务，这样可以使文心一言更好地理解并执行你的指令。

案例实战

：我是一名物理老师，我的学生在我讲物理题的时候总是不懂装懂，从不向我提问，导致他的学习成绩一直没有提升。请你作为一名具有丰富沟通技巧的教育专家，设计一个有效的策略，来改善我和学生之间的沟通效果。你需要执行以下任务：（1）分析学生不懂装懂且不爱提问的原因；（2）提出合理策略改善我和学生之间的沟通效果。请注意这个策略应该包括了解沟通问题和背景、方法和步骤，以及运用有效的沟通技巧。

：一、分析学生不懂装懂且不爱提问的原因。

缺乏自信：学生可能因为自卑或者害怕被同学嘲笑而不敢提问。

害怕老师：学生可能因为害怕老师的批评或担忧打扰老师而不愿意提问。

学习习惯：学生可能没有养成主动提问的学习习惯，或者不知道如何表达自己的疑问。

二、提出合理策略改善你和学生之间的沟通效果。

了解沟通问题和背景

在课间或课后主动与学生交流，了解他们对物理课的感受，以及他们在学习过程中遇到的问题。通过倾听学生的想法，你可以更好地了解他们的学习需求和困惑。

方法和步骤

（1）建立信任：在课堂上营造轻松、友好的氛围，让学生感受到你的关心和支持。鼓励他们分享自己的想法和疑问，并对他们的提问表示赞赏。

（2）明确期望：向学生说明主动提问的重要性，以及提问对于提高学习成绩的积极作用。让他们明白提问不仅有助于自己的学习，还能为课堂讨论增添价值。

（3）提供机会：在课堂上设置固定的提问时间，鼓励学生提出自己的问题。此外，也可以采用小组讨论的形式，让学生在小组内先互相解答疑问，再将无法解决的问题提交给全班讨论。

（4）示范引导：作为老师，你可以故意犯一些小错误或者提出一些开放性问题，引导学生发现并提出问题。同时，你可以展示如何有效地表达疑问，让学生学会如何提问。

（5）及时反馈：对学生的提问给予积极的反馈，即使问题很简单或者与课堂内容无关。这可以增强学生的自信心，让他们更愿意参与到课堂互动中。

运用有效的沟通技巧

（1）倾听：当学生提出问题时，认真倾听他们的想法，不要打断或贬低他们的观点。通过倾听，你可以更好地理解学生的困惑和需求。

（2）鼓励：用积极的语言和肢体动作鼓励学生表达自己的疑问。例如，微笑、点头或者说出"我明白你的问题了"等话语。

（3）澄清：如果学生提出的问题不够明确或者难以理解，你可以用自己的话重新阐述问题，以确保你正确理解了学生的意思。

（4）简化：如果学生的问题很复杂或者涉及多个知识点，你可以尝试将问题分解成若干个小问题，逐一解答。这有助于学生更好地理解问题并找到解决方案。

（5）示范：在解答问题时，你可以展示自己的解题思路和方法，让学生了解如何运用所学知识解决问题。这不仅可以帮助学生解决问题，还能提高他们的解题能力。

4.2· 学生学习：提升你的学习效率

本节将详细介绍如何利用文心一言的多种功能，如制订学习计划、英汉互译、撰写心得体会以及激发辩论灵感等，旨在全面提高学习效率。接下来，我们将逐一探讨这些功能的使用方法，并通过具体实例演示如何将这些功能融入日常学习中，使学习过程更加高效且富有趣味性。

4.2.1 制订学习计划

　　使用文心一言来制订学习计划，能够根据学生的具体学习目标和可用时间，为学生量身打造最合理的学习路径。借助这一功能，学生可以更加高效地利用时间，避免无效和低效的学习，进而显著提升学习效率。

案例实战

:::
👤：请为零基础学员制作"Python速成"学习计划。

🅖：Python速成学习计划（零基础学员）

一、学习背景与目标

作为零基础学员，你可能对编程毫无了解，但希望通过本学习计划，能够快速掌握Python编程语言的基础知识，并能够完成简单的编程任务。本计划旨在为你提供一个清晰、高效的学习路径，让你在短时间内入门Python编程。

二、学习内容与步骤

Python基础语法（1~2天）

变量与数据类型

运算符与表达式

条件语句与循环语句

函数与模块

Python数据结构（1天）

列表（list）

元组（tuple）

字典（dictionary）

集合（set）

Python文件操作与异常处理（1天）

文件读写操作

文件路径处理

异常捕获与处理

Python库应用（2天）

NumPy：数值计算库

Pandas：数据分析库

Matplotlib：数据可视化库

Python网络编程与爬虫（2天）

Socket编程基础

Requests库：发送HTTP请求
:::

BeautifulSoup库：解析HTML页面

简单爬虫实例

Python实战项目（2天）

数据分析报告：使用Pandas和Matplotlib完成一份简单的数据分析报告。

网络爬虫：使用Requests和BeautifulSoup完成一个简单的网络爬虫项目。

三、学习方法与建议

每天分配2~3小时学习时间，保持学习连续性。

完成每个阶段的学习后，尝试编写一些简单的程序来巩固所学内容。

加入Python学习社群或论坛，与其他学习者交流心得，解决问题。

不要过分追求完美，先掌握基础知识，后续可以深入学习。

四、总结与展望

通过本学习计划，你将在10天内掌握Python编程的基础知识，并能够完成简单的编程任务。后续可以根据自己的兴趣和需求，深入学习Python的高级特性、框架以及应用领域。坚持学习与实践，相信你会在Python编程领域有所收获。

提示：用户应根据个人的学习需求和特点来定制学习计划。在制定过程中，需考虑自身的学习风格、时间安排以及学习资源等因素，以确保学习计划的合理性和可行性。同时，用户还应实时跟进学习进度，并根据实际情况调整学习计划和方法，从而不断提高学习效率。

4.2.2 英汉互译

使用文心一言进行英汉互译，其准确性、高效性、便捷性、语境理解能力以及满足多样化翻译需求的能力，都为用户带来了极大的便利。更值得一提的是，它还能持续学习和更新，不断提升翻译质量。这些优势共同助力用户更轻松地进行英汉互译，有效提升了用户的语言交流和跨文化沟通能力。

案例实战

: "One sees clearly only with the heart. Anything essential is invisible to the eyes.

"Men have forgotten this truth," he said, "but you mustn't forget it. You become responsible forever for what you have tamed. You're responsible for your rose...

"I'm responsible for my rose," the little prince repeated, so that he would be sure to remember.

"It's so weak. It's so naïve. It has four thorns, of no use at all, to protect itself against the world..."

And the little prince broke into a sight of tears.

"I should have judged by deeds and not by words. She cast her fragrance and her radiance over me. I shouldn't have run away from her... I should have guessed all the affection that lay behind her poor little strategies. Flowers are so inconsistent! But I was too young to know how to love her..."请将这段话翻译成中文。

⊙："只有用心才能看得清楚，真正重要的东西，用眼睛是看不见的。""人们已经忘记了这个真理，"他说，"但你不能忘记。你对你驯服过的东西，永远负有责任。你要对你的玫瑰负责……""我要对我的玫瑰负责，"小王子重复道，以确保自己能记住。"她是那么脆弱，那么天真。她只有四根刺，根本无法保护自己，对抗这个世界……"小王子忍不住热泪盈眶。"我应该通过行动来判断，而不是言语。她用芬芳和光芒笼罩了我。我不应该逃离她……我应该猜到她那些可怜的小伎俩背后隐藏的所有情感。花儿总是那么自相矛盾！但我当时太年轻了，不知道如何爱她……"

4.2.3 心得体会

文心一言能够根据输入的关键词和主题，为用户提供相关的灵感和思路，从而大幅提高写作效率。此外，它还能提供丰富的词汇、短语和句子，使用户在撰写心得体会时更加得心应手，轻松完成高质量的写作任务。

案例实战

⊙：我是一名大一学生，学院组织了阅读《红岩》的活动，并要求完成一篇800字的阅读心得体会，请你帮我列出大纲，并详细指导我每一部分应该怎么写。

⊙：《红岩》是一部经典的革命文学作品，对于我们这个时代的人来说，阅读这本书可以帮助我们更好地理解历史，更好地感悟革命精神。下面是一份关于《红岩》的阅读心得体会大纲，希望能够对你有所帮助。

一、引言

在引言中，你可以简单介绍一下《红岩》这本书的基本情况，包括作者、出版时间、主要内容等。同时，你也可以谈一下你对这本书的初步印象和感受。

二、主题思想

在这一部分中，你需要阐述《红岩》所表达的主题思想。可以从以下几个方面进行思考。

革命精神：在《红岩》中，作者通过描写共产党人的英勇斗争，表达了革命精神的重要性。你可以结合书中的具体情节和人物形象，来阐述这种精神。

爱国主义：在书中，作者也表达了对于祖国的热爱。你可以从人物的行为、语言等方面来进行分析。

坚定信仰：面对敌人的残酷镇压，共产党人依然能够坚定信仰，不屈不挠。你可以思考这种信仰的来源和意义。

三、人物形象分析

在《红岩》中，作者塑造了许多生动的人物形象。你可以选择其中几个主要人物进行分析，包括他们的性格特点、行为举止，以及他们在书中的作用等。

四、艺术手法分析

在这一部分中，你可以分析《红岩》的艺术表现手法，包括结构安排、情节设计、语言特点等。这些手法是如何为表达主题思想服务的？

五、个人感悟与启示

在这一部分中，你可以谈一下你读完《红岩》后的个人感悟和启示。可以从以下几个方面进行思考。

对于历史的认知：通过阅读《红岩》，你对于中国革命历史有了哪些新的认知？

对于革命精神的理解：你如何理解《红岩》中所表达的革命精神？它对你有什么启示？

对于个人成长的启示：《红岩》中的人物形象和故事情节，对你有哪些启示？它如何影响你的价值观和生活态度？

对于未来的展望：在了解了革命历史和革命精神后，你对未来有什么展望和期待？

六、结语

在结语中，你可以总结一下你的阅读心得，并表达一下对《红岩》这本书的感激之情。

4.2.4　辩论灵感

使用文心一言，辩手可以更方便地了解各种观点、论据和案例，这有助于他们拓宽思维视野，从多个角度全面审视问题，进而发现新的辩论角度和思路。此外，文心一言还能帮助辩手更快速地找到相关信息和支持材料，从而缩短辩论准备的时间，提高辩论的效率和准确性。

案例实战

💬：请从正方辩手的角度，对"现代教育体系是否应该更加注重培养学生的创造力"这一辩题阐述你的观点，要求逻辑清晰，论据充足，引用与辩题强相关的名人名句及经典案例等。

💡：尊敬的评委、亲爱的同学们：

我方观点是现代教育体系应该更加注重培养学生的创造力。

在现代社会，创造力已经成为一个人成功的关键因素之一。因此，现代教育体系需要更加注重培养学生的创造力，以帮助学生更好地适应未来的社会和职业发展。

首先，注重创造力的培养可以帮助学生更好地解决问题。我们知道，未来的社会和职业发展将会越来越复杂和多变，各种问题也会越来越复杂。如果学生没有创造力，就很难从新的角度去思考和解决这些问题。相反，如果学生具备了创造力，就能够更加灵活地思考问题，提出新的解决方案，并创造出更好的价值。因此，我们应该注重培养学生的创造力，以帮助他们在未来的生活和职业中更好地解决问题。

其次，注重创造力的培养可以推动社会的进步和发展。在现代社会中，创新和创造力已经成为推动社会进步和发展的重要力量。如果我们没有创造力，就很难有创新的思想和理念，也就很难推动社会的发展。因此，我们应该注重培养学生的创造力，让他们能够成为未来的创新者和领袖，为社会的进步和发展做出更大的贡献。

在实践中，很多学校和教育机构已经开始注重培养学生的创造力了，例如，在课程设置上，加入更多的创造性课程，如艺术、音乐、设计等，鼓励学生发挥想象力和创造力；在教学方法上，采用更多的启发式教学方法，让学生通过自己的思考和实践来获取知识；在评价方式上，采用更多的多元评价方式，注重学生的创造力和实践能力的评价。

最后，我想用乔布斯的一句名言来总结我的观点："创新是区别领导者和追随者的唯一标准。"如果我们想要培养未来的领导者和创新者，就必须注重学生的创造力的培养。让我们共同努力，为现代教育体系注入更多的创新力量！

以上是我方的观点阐述，谢谢大家！

4.2.5　升学择业顾问

传统的升学和择业过程往往需要耗费大量的时间和精力进行各种调研和咨询。然而，使用文心一言可以显著地提高这一过程的效率。它能够帮助用户迅速处理和分析海量的信息，提供持续的支持和反馈，从而使用户能够更准确地找到最适合自己的发展路径。这样，用户不仅可以节省大量的时间和精力，还能确保做出的选择更加明智和合理。

案例实战

：现在你是一名精通升学择业的教育顾问。你需要结合全面的大学院校知识及专业的职业发展判断来解答我的问题。我的问题为：对湖南大学与中南大学做一个综合性比较分析。

：湖南大学与中南大学：综合比较分析

湖南大学和中南大学都位于湖南省长沙市，两所大学在国内外享有较高的声誉。下面是对这两所大学的综合比较分析，主要从学校背景与声誉、地理位置与历史文化背景、学科专业与办学规模、师资力量与科研实力、校园文化与学生活动，以及就业前景与发展方向等方面进行对比。

学校背景与声誉

湖南大学：湖南大学是中国著名的综合性研究型大学，为"985工程"和"211工程"重点建设高校。在国内外享有较高的声誉，是中国高水平大学之一。

中南大学：中南大学是中国知名的综合性研究型大学，也是"985工程"和"211工程"

重点建设高校。在国内外享有较高的声誉，是中国一流大学之一。

地理位置与历史文化背景

湖南大学位于岳麓山风景区，校园环境优美，历史文化底蕴深厚。湖南大学的前身可以追溯到岳麓书院，是中国最古老的高等学府之一。

中南大学位于长沙市区，交通便利，校园环境优美。中南大学的前身为中南矿冶学院，具有悠久的矿冶教育历史。

学科专业与办学规模

湖南大学：涵盖了工、理、管、文等多个学科门类。在材料科学、工程学、化学、生物学等学科领域具有较强的实力。湖南大学的金融、会计等商科专业也颇受好评。

中南大学：同样涵盖了工、理、管、文等多个学科门类。在矿冶工程、材料科学、临床医学等学科领域享有很高的声誉。中南大学的轨道交通和有色金属等学科特色鲜明。

师资力量与科研实力

湖南大学：拥有一批高水平的教师队伍，包括多名院士和杰出青年基金获得者。在科研方面取得了显著的成果，包括多项国家级科技奖励和重大科研项目。湖南大学在纳米材料、超级计算机等领域具有较高的科研水平。

中南大学：同样拥有一支高水平的教师队伍，包括多名院士和优秀青年基金获得者。在科研方面也取得了显著的成果，包括多项国家级科技奖励和重大科研项目。中南大学在矿冶工程、有色金属等领域具有卓越的科研实力。

校园文化与学生活动

湖南大学：注重培养学生的实践能力和创新精神，积极开展各种形式的校园文化活动和学生社团活动。湖南大学的校园文化氛围浓厚，有利于学生的全面发展。

中南大学：同样注重培养学生的实践能力和创新精神，积极开展各种形式的校园文化活动和学生社团活动。中南大学的校园文化氛围同样浓厚，有利于学生的全面发展。两所大学都拥有丰富的学生组织和社团活动，可以满足学生的多样化兴趣爱好和发展需求。

就业前景与发展方向

湖南大学：毕业生在各个领域都有广泛的就业前景和发展空间。湖南大学注重产学研合作，与众多企业和研究机构建立了密切的合作关系，为学生的实习和就业提供了良好的机会。

中南大学：毕业生同样在各个领域都有广泛的就业前景和发展空间。中南大学在有色金属、轨道交通等行业有着广泛的影响力，为相关专业的毕业生提供了良好的就业机会。

综合以上分析，湖南大学和中南大学在各自的领域都有卓越的声誉和影响力，两所大学在学科专业、师资力量、科研实力等方面都有显著的优势。选择哪所大学需要根据个人的兴趣和发展方向来决定。同时，两所大学都致力于培养学生的实践能力和创新精神，为学生提供了良好的学习和成长环境。

4.2.6 校正错别字

手动检查并修改错别字确实是一项烦琐的工作，尤其是当文章篇幅较长或存在大量错别字时。这些错别字不仅会影响文章的可读性，还可能损害其准确性。因此，用户可以借助文心一言的自动检测和修改错别字功能，轻松消除这些错误，从而提升文章的质量。这一智能工具的应用，无疑为用户节省了宝贵的时间和精力。

案例实战

👤：现在你将是一个错别字识别程序，你需要检查我给出的文本内容中的错别字并给出优化建议。下面需要检查的第一段文本内容是：我一定要努里学习，天天向上，降来成为一名有位青年。为了达成这个目标，我将付出坚持不懈的努力。我永远相信终究有一田，我会视线了这个目标。

🤖：经过检查，我发现这段文本内容中存在几个错别字。以下是我的优化建议。

原文：

我一定要努里学习，天天向上，降来成为一名有位青年。为了达成这个目标，我将付出坚持不懈的努力。我永远相信终究有一田，我会视线了这个目标。

修改后：

我一定要努力学习，天天向上，将来成为一名优秀青年。为了达成这个目标，我将付出坚持不懈的努力。我永远相信终究有一天，我会实现这个目标。

修改说明：

1.将"努里"改为"努力"，这是一个常见的错别字，正确的词语是"努力"。

2.将"降来"改为"将来"，"将来"是正确的词语，表示未来某个时间。

3.将"有位"改为"优秀"，"优秀"是正确的词语，表示出色的人。

4.将"一田"改为"一天"，"一天"是正确的词语，表示时间的单位。

5.将"视线了"改为"实现了"，"实现"是正确的词语，表示达成目标或完成某事。

4.3 · 秒懂百科：你的知识百晓生

本节将详细介绍如何使用文心一言来辅助语言学习、解答汉语言文学问题、查询生物知识、搜索人物百科、解释数学函数以及解答地理知识问题。通过对这些功能的逐一介绍，无论是语言学习者、文学爱好者、生物或地理学科的学生，还是对数学函数有疑惑的人，都能从中获得有价值的指导和帮助。

4.3.1　语言学习指南

在开始语言学习之前，拥有一份计划清晰的语言学习指南至关重要。使用文心一言来制定语言学习指南可以更好地辅助规划学习过程，使计划更加清晰明了，并能根据提供的学习资源进行学习，从而有效提高学习效率和动力。

- 用户需要明确语言学习指南应包含的具体内容。这可能涉及某个特定语言的词汇、语法、口语练习，或者更为全面的学习规划。例如，用户可能希望指南中包含针对英语词汇的学习策略、常见词汇分类以及学习资源的推荐等。

- 在提出需求时，用户应尽量具体、详细。例如，可以明确提出："请为我生成一份针对初级学习者的英语词汇学习指南，其中应包括有效的学习策略、按主题或难度分类的词汇列表，以及适合的学习资源和链接。"

- 用户还需提供自己的学习背景信息，如当前水平、学习目标等。这些信息将有助于文心一言生成更加符合用户实际需求和特点的语言学习指南。

案例实战

🧑：我想学习英语，你可以做一份语言学习指南吗？内容需要包括视频推荐、口语软件推荐、学习资料、学习计划表、学习任务表。

🤖：当然可以，以下是一份关于英语学习的语言学习指南，包括视频推荐、口语软件推荐、学习资料、学习计划表和学习任务表。

一、视频推荐

TED-ed：提供大量以英语为主要语言的动画教育视频，内容涵盖各个领域，有趣易懂。

EnglishClass101：专注于英语教学，包括各种实际场景的课程视频，适合初学者到高级学习者。

可汗学院（Khan Academy）：提供全面的英语学习视频，从基础语法到高级词汇和听说训练。

二、口语软件推荐

Duolingo：一款多语言学习App，包括英语口语练习，采用游戏化的学习方式。

HelloTalk：与全球母语为英语的人进行实时对话，提高口语交流能力。

Rosetta Stone：提供真实的语境模拟，帮助学习者在实际场景中练习口语。

三、学习资料

牛津高阶英语词典（Oxford Advanced Learner's Dictionary）：权威的英语学习词典，包括详细的词义和用法。

新概念英语：适合初学者的英语教材，包括基本的语法、词汇和听说训练。

英语900句：实用的英语口语学习资料，涵盖各种日常场景和表达方式。

四、学习计划表

表4-1是一个建议的学习计划表，可以根据自己的时间和进度进行调整。

表4-1

时间	学习内容	学习方式
周一至周五	每天学习1小时	观看视频课程、阅读教材、完成练习
周六	复习本周所学内容	完成测试题目、模拟考试
周日	休息或进行额外的学习活动	参加英语角、观看英语电影等

五、学习任务表

表4-2是一个建议的学习任务表，可以根据自己的实际情况进行调整。

表4-2

任务	完成时间	备注
掌握50个新单词	每周五	使用单词卡片或记忆软件进行记忆
完成1篇英语作文	每周三	选择一个话题进行写作练习
进行30分钟口语练习	每天	使用口语软件进行练习或参加英语角活动
观看1个英语教学视频	每天	选择一个感兴趣的主题进行学习
完成1套模拟试题	每周六	对所学内容进行检测和巩固

4.3.2　汉语文学问答

文心一言拥有庞大的知识储备，全面覆盖了汉语言文学的各个领域，如古代文学、现代文学及文学理论等。凭借其先进的自然语言处理和语义理解技术，它能够精确把握用户的问题核心，并提供准确无误的答复。用户无须再耗费时间翻阅大量书籍或资料，只需简单输入问题，即可迅速获得所需答案，从而在显著提升学习效率的同时，也极大地节省了时间和精力。

案例实战

💬：现在你是一位精通汉语言文学的国学专家，你会结合你丰富的国学知识，对我给出的字词或成语进行阐释。要求浅显易懂地表达，内容专业有深度。我给出的第一个字词：不容置喙。

🤖："不容置喙"是一个常见的汉语成语，通常用来形容某件事情或某个观点已经被确认或固定，不容许别人再进行置疑或讨论。这个成语中的"置喙"一词，原意是指鸟兽将食物咬碎的动作，后来引申为人的言论或议论。因此，"不容置喙"也可以理解为"不容许别人插嘴或发表不同意见"。

从国学角度来看，"不容置喙"这个成语体现了中国传统文化中尊重权威、注重礼仪的思想。在古代中国，尊重长辈、尊重师长、尊重传统是被广泛倡导和强调的价值观念，而对于已经确认的观点或决策，人们普遍认为应该服从和执行，而不是随意质疑或反驳。因此，"不容置喙"也可以理解为在这种文化背景下形成的一种社会规范和行为准则。

然而，在现代社会中，"不容置喙"这种态度有时也可能会引起争议。一些人认为，过度的"不容置喙"可能会限制人们的思考和言论自由，导致一些错误的决策或观点得不到及时纠正。因此，在使用"不容置喙"这个成语时，我们也需要注意平衡权威和自由的关系，既要尊重已经确认的事实和观点，也要保持对不同声音的开放和包容。

总之，"不容置喙"这个成语体现了中国传统文化中对权威和礼仪的尊重，但在现代社会中也需要谨慎使用，避免过度限制人们的思考和言论自由。

4.3.3　查生物知识

文心一言凭借其自然语言处理的能力以及庞大的知识储备，在生物学领域展现出了强大的实力。其知识储备广泛涵盖了植物学、动物学、微生物学等生物学的各个分支。更为值得一提的是，文心一言还能够紧跟最新的研究动态，不断更新和扩充其知识储备，从而为使用者提供更为全面、前沿的生物学知识。这无疑极大地促进了学术交流和知识传播，为使用者带来了极大的便利。

案例实战

:speech: 请你作为一位生物学领域的专家，帮我查询巨型猪笼草的相关信息，结果需要包含这个生物的基本情况、来源地、行为特点等。

:robot: 巨型猪笼草是一种属于猪笼草科的热带食虫植物，学名为Nepenthes attenboroughii，是由两个传教士在菲律宾巴拉望中部的维多利亚山顶峰首次发现的。这种新型猪笼草品种后被英国植物学家证实属于猪笼草的一个新品种，体型巨大，甚至可以吞噬老鼠大小的生物。

巨型猪笼草原产于菲律宾巴拉望省等地区，是巴拉望省特有的热带食虫植物，分布于海拔1600米至1726米。其又被称作"阿滕伯勒猪笼草"。

此外，还有一种与之类似的巨型山区猪笼草，学名为Nepenthes rajah，是世界上最大的肉食植物，能够捕食老鼠。这种植物非常喜欢吃动物的粪便，尤其是树鼩的粪便。如果周围没有足够的昆虫出现，它们便成为一个天然马桶，供树鼩使用。其利用花蜜引诱附近的树鼩，而后利用巨型瓶状体收集粪便。科学家认为这种植物的瓶状体已经进化成堪称完美的树鼩马桶，帮助两种物种形成一种怪异的共生关系。

4.3.4　人物百科

文心一言配备了强大的搜索引擎，能够为用户提供全面且准确的人物信息。这些信息涵盖了人物的基本资料、生平事迹、荣誉地位等诸多方面。借助文心一言，用户可以迅速获取真实有效的人物信息，不仅大大提高了查询效率，还有助于推动学术交流和知识传播。

Q：现在你是一本人物百科全书，你会结合你所知的人物基本信息、人物关系、人物生平、人物荣誉地位等信息，对我要查询人物的相关问题进行详细解答。下面我给出的第一个问题是：余华简介。

A：余华，当代作家，1960年4月3日生于浙江杭州，祖籍山东高唐。他是中国作家协会第九届全国委员会委员，曾就职于杭州文联，后迁居海盐县文化馆，并于1984年开始发表小说。他的作品包括短篇小说《十八岁出门远行》、长篇小说《活着》和《许三观卖血记》，同时他还创作了《兄弟》《在细雨中呼喊》等。他的作品已被翻译成多种语言，并在多个国家和地区出版。他的小说揭示了一种时代的苦难，以及人们面对这些苦难的方式。

余华的作品以其深刻的社会洞察力和对人性的深入剖析而受到广泛赞誉。他的作品常常通过描绘个体的生活经历，来反映更广泛的社会和历史问题。他的写作风格简洁明快，语言质朴，擅长通过对话和内心独白来揭示人物的性格和命运。他的作品以其悲剧色彩和对生活的深刻洞察而深受读者喜爱。

余华在中国文学界具有重要地位，他的作品被广泛阅读和研究。他的多部作品已被改编为电影和电视剧，进一步扩大了他的影响力。他的作品对中国现代文学的发展产生了深远影响，被视为当代中国文学的重要代表之一。

此外，余华还荣获过多个文学奖项，包括意大利格林扎纳·卡佛文学奖、法国文学和艺术骑士勋章等。这些荣誉证明了他在文学界的杰出贡献和广泛认可。

总的来说，余华是一位具有深刻社会洞察力和人性的深入剖析能力的作家。他的作品描绘了个体的苦难和命运，同时也反映了更广泛的社会和历史问题。他的写作风格简洁明快，语言质朴，擅长通过对话和内心独白来揭示人物的性格和命运。他的作品对中国现代文学的发展产生了重要影响，是当代中国文学的重要代表之一。

4.3.5 函数解释

面对复杂的函数问题，文心一言凭借其卓越的计算能力和数据分析功能，能够为用户提供详尽的函数解释，从而助力解决一些棘手的函数难题。不仅如此，文心一言还能在提供基本函数知识的同时，进一步拓展相关知识，加深用户对函数的理解和运用能力，使学习过程更为高效。

Q：请解释SQL中RANK函数的用法并提供示例。

A：在SQL中，RANK()函数用于为每个分组内的记录分配一个唯一的排名。这个排名是基于指定列的值进行排序的结果。如果两个或多个记录具有相同的排序值，它们将获得相同的排名，并且下一个排名将跳过相应的数量。

RANK()函数的语法如下。

scss复制代码

```
RANK() OVER (
[PARTITION BY partition_expression, ... ]
ORDER BY sort_expression [ASC | DESC], ...
)
```

其中：

PARTITION BY子句是可选的，用于指定要分组的列。如果没有指定，则对整个结果集进行排名。

ORDER BY子句用于指定用于排序的列以及排序的方向（升序或降序）。

下面是一个使用RANK()函数的示例。

假设我们有一个名为"Employees"的表，其中包含员工的ID、姓名和薪水信息。我们想要根据薪水对每个员工进行排名。

首先，我们可以使用以下SQL查询来获取结果。

sql复制代码

```
SELECT ID, Name, Salary,
RANK() OVER (ORDER BY Salary DESC) AS Rank
FROM Employees;
```

这将返回一个结果集，其中包含每个员工的ID、姓名、薪水和根据薪水降序排列的排名。如果两个员工具有相同的薪水，它们将获得相同的排名，并且下一个排名将跳过相应的数量。

结果如表4-3所示。

表4-3

ID	Name	Salary	Rank
1	John	5000	1
2	Jane	4500	2
3	Alice	4500	2
4	Bob	4000	4
5	Mark	3500	5

在上面的示例中，John的薪水最高，因此他的排名为1。Jane和Alice的薪水相同，因此他们都获得相同的排名2。Bob的薪水低于Jane和Alice，因此他的排名为4。Mark的薪水最低，因此他的排名为5。

4.3.6　地理知识问答

文心一言能迅速响应问题，助力用户高效获取所需信息。其广泛的知识面和强大的海量数据访问能力，保证了提供的信息不仅高质量，而且详尽全面。这使得用户能更深入地理解和分析复杂的地理问题，同时节省大量时间和精力。

案例实战

💬：现在你是一个熟悉中国地理及城市信息的知识库，你会结合所知的相关专业知识，对我给出的问题进行详细解答。我给出的问题是：你知道抚仙湖吗？

🤖：当然，我知道抚仙湖。

抚仙湖，位于云南省玉溪市澄江、江川、华宁三县间，距昆明60多千米。湖面积212平方千米，仅次于滇池和洱海，为云南省第三大湖。最深处为155米，是云南省第一深水湖泊。抚仙湖是我国最大的深水型淡水湖泊。

抚仙湖流域幅员辽阔，历史悠久，旅游资源丰富，流域内环境多样，有湖泊、平地、山地、森林、热水塘、古生物化石等。抚仙湖的水温，冬夏变化不大，水质又好，是极好的游泳之地。特别是北部沿澄江坝子一带，每年吸引着成千上万的人来游泳。

抚仙湖是一个高原断陷湖泊，湖面海拔1720米，三面环山，一面接着澄江的坝子。湖面北部宽阔而深，南部狭小而浅，中部细长，形似葫芦。湖岸线总长100.8千米，岸线系数平均1.84，周边岸线曲折，沿湖共有三个半岛伸入湖中。东北部为月亮湾半岛，南部为海马半岛（抚仙湖公园所在地），西部为尖山半岛。其中尖山半岛面积为10平方千米，是湖面最大的半岛。

抚仙湖流域内土地肥沃，物产丰富，主产稻、麦、蚕豆、烤烟和油菜，是有名的滇中谷仓，又是闻名全国的云烟之乡。

抚仙湖的水利资源相当丰富，蓄水量达185亿立方米，等于滇池和洱海总蓄水量的四倍。引湖水能灌溉沿岸良田，又有航运之便。出水口的海口河落差很大，河长仅15.25千米，落差达385米，可分六级建成梯级站。澄江和华宁两县人民已建成两级，为滇中工农业提供了动力。

4.4　编程辅助：为你轻松解决编程难题

本节将详细介绍如何利用文心一言解决编程过程中的各种难题，涵盖代码生成、代码理解、代码优化、bug修复、Python编程辅助以及解题报告等六大方面。通过具体实例，我们将展示文心一言在编程领域的实际应用与显著效果，旨在帮助读者提升编程效率，优化代码质量。无论你是编程初学者还是资深开发者，本节内容都将为你带来实用的指导与启示。

4.4.1 代码生成

文心一言的代码生成功能经过大量的训练和优化，已经具备生成高质量代码的能力。其生成的代码结构清晰、易于理解，拥有较高的可读性和可维护性，既能够降低开发成本，又可以提高开发效率。此外，它还支持包括Python、Java、C++、JavaScript等在内的多种编程语言和框架，为用户提供了极大的便利。

在使用文心一言生成代码时，用户需要注意以下三点。

- 明确代码类型和目标。是简单的脚本、复杂的算法，还是特定的软件功能。
- 提出需求。例如，"请为我生成一个Python脚本，用于读取和写入CSV文件。"
- 提供参数。例如变量名、函数参数等。

案例实战

01 准备编程环境。打开Python官网下载安装包，如图 4-1所示。

02 安装解释器和代码编辑器。在下载界面选中Add python.exe to PATH复选框，再单击install Now链接开始安装，如图 4-2所示。

图 4-1　　　　　　　　　　　　　　　　　　图 4-2

> 🧑: 使用Python编写文本相似度分析的代码。

> 🤖: 文本相似度分析是一种自然语言处理技术，用于比较两个或多个文本之间的相似程度。在Python中，可以使用诸如余弦相似度、编辑距离等算法来计算文本相似度。下面是一个使用余弦相似度算法计算两个文本相似度的示例代码。
>
> python
>
> import jieba
>
> from sklearn.feature_extraction.text import TfidfVectorizer
>
> from sklearn.metrics.pairwise import cosine_similarity
>
> # 文本1和文本2

```
text1 = "这是一篇关于自然语言处理的文章。"
text2 = "这是一篇介绍机器学习的文章。"

# 使用jieba进行分词
seg1 = jieba.cut(text1)
seg2 = jieba.cut(text2)

# 将分词后的结果转换为字符串
text1 = ''.join(seg1)
text2 = ''.join(seg2)

# 使用TF-IDF向量化器将文本转换为向量
vectorizer = TfidfVectorizer()
vectors = vectorizer.fit_transform([text1, text2])

# 计算余弦相似度
cosine_similarity_matrix = cosine_similarity(vectors)
similarity_score = cosine_similarity_matrix[0][1]

print("文本1和文本2的相似度为：", similarity_score)
```

上述代码中，首先使用库对两个文本进行分词处理，然后使用TF-IDF向量化器将文本转换为向量。接着，使用余弦相似度算法计算两个向量的相似度，并输出相似度得分。需要注意的是，余弦相似度算法的值域为[-1,1]，值越接近1表示两个文本越相似。

提示：在获取生成的代码之后，务必对其进行充分的测试和验证。运行代码，并仔细检查其功能是否与你的期望相符。若发现任何问题或错误，要及时向文心一言反馈，以便其能够进行针对性的调整和优化，从而确保代码的质量和准确性。

4.4.2 代码理解

文心一言具备理解代码结构和语义的能力，它可以将复杂的代码转换为易于理解的自然语言，使非技术人员也能轻松掌握代码的含义和功能。此外，它还能根据代码的结构和语义，自动生成相关的文档和注释，为开发人员提供了极大的便利。这些功能不仅显著减少了开发人员的工作量，还大大提高了开发效率，是软件开发过程中不可或缺的得力助手。

案例实战

: 请作为资深开发工程师，解释我给出的代码。请逐行分析我的代码并给出你对这段代码的理解。我给出的代码是：

```
jobs_num=driver.find_element(By.CSS_SELECTOR,\"h1>span\").get_attribute(\"innerText\")
if len(jobs_num.split(',')) > 1:
jobs_num = int(jobs_num.split(',')[0])*1000
else:
jobs_num = int(jobs_num)
jobs_num = int(jobs_num)
jobs_num = 1000;
i = 2
while i <= int(jobs_num/2)+1:
driver.execute_script(\"window.scrollTo(0, document.body.scrollHeight);\")
i = i + 1
print(\"当前在: \", i, \"完成度: \", ((i+1)/(int(jobs_num/2)+1))*100, \"%\",end=\"\\r\")
try:
infinite_scroller_button= driver.find_element(By.XPATH, \".//button[@aria-label='Load more results']\")
 infinite_scroller_button.click() time.sleep(0.1)
except:
 time.sleep(0.1)
pass
```

: 这段代码主要的功能是通过一个web driver（可能是Selenium）来自动化滚动一个网页并加载更多的内容。具体来说，代码的各个部分的功能如下。

1. jobs_num = driver.find_element(By.CSS_SELECTOR,"h1>span").get_attribute("innerText")

○ 这行代码使用CSS选择器定位到网页中h1标签下的span元素，并获取其内部文本（innerText）。这个文本可能表示工作数量或其他信息，并将其存储在变量jobs_num中。

2. if len(jobs_num.split(',')) > 1:

jobs_num = int(jobs_num.split(',')[0])*1000

else:

jobs_num = int(jobs_num)

○ 这段代码首先检查jobs_num是否包含逗号。如果包含，则将其按照逗号分隔，取第一个数（假设是千位数），然后乘以1000。如果不包含逗号，则直接将jobs_num转换为整数。

3. jobs_num = int(jobs_num)

○ 这行代码将jobs_num转换为整数。不过这一行似乎是冗余的，因为在前面的代码中已经进行了类似的转换。

4. jobs_num = 1000;

○ 这行代码将jobs_num设置为1000。这也是一个有些奇怪的设定，因为它覆盖了前面所有对jobs_num的操作。除非有特别的上下文，否则这一行可能是错误的或不必要的。

5. i = 2

○ 初始化一个变量i，赋值为2。

6. while i <= int(jobs_num/2)+1:

○ 开始一个while循环，条件是i小于或等于jobs_num/2 + 1。这个循环用于控制页面滚动的次数。

7. driver.execute_script("window.scrollTo(0, document.body.scrollHeight);")

○ 在循环内，使用JavaScript命令滚动页面到底部。这是为了触发某些网页的"加载更多"功能。

8. i = i + 1

○ 增加i的值。

9. print("当前在：", i, "完成度：", ((i+1)/(int(jobs_num/2)+1))*100, "%",end="\r")

○ 打印当前进度。计算完成度的公式似乎是基于jobs_num/2 + 1，不过由于前面设置了jobs_num为1000，这里的计算可能会与预期不符。

10.try:

infinite_scroller_button = driver.find_element(By.XPATH, ".//button[@aria-label='Load more results']")

infinite_scroller_button.click()

time.sleep(0.1)

except:

time.sleep(0.1)

pass

这个try-except块尝试找到并单击一个带有aria-label属性为Load more results的按钮，这可能是一个"加载更多"按钮。如果找到并单击成功，则暂停0.1秒。如果在这个过程中出现异常（比如按钮不存在），则捕获异常并暂停0.1秒，然后继续。

4.4.3 优化代码性能

基于深度学习和自然语言处理技术的强大支撑，文心一言能够深入理解代码的结构和语义。它不仅能根据性能要求自动调整代码的布局、变量使用以及循环结构等关键要素，从而显著提升代码的执行速度和资源利用率，还能通过学习开发人员的偏好和习惯，针对项目的特点和具体要求进行个性化的优化建议，确保满足特定的性能需求。这种智能化的代码优化方式，无疑为开发者带来了极大的便利和效率提升。

案例实战

🧑：根据Pep-8规范(PEP-8)来纠正我的代码

```python
jobs_num=driver.find_element(By.CSS_SELECTOR,\"h1>span\").get_attribute(\"innerText\")
if len(jobs_num.split(',')) > 1:
jobs_num = int(jobs_num.split(',')[0])*1000
else:
jobs_num = int(jobs_num)
jobs_num = int(jobs_num)
jobs_num = 1000;
i = 2
while i <= int(jobs_num/2)+1:
driver.execute_script(\"window.scrollTo(0, document.body.scrollHeight);\")
i = i + 1
print(\"当前在：\", i, \"完成度：\", ((i+1)/(int(jobs_num/2)+1))*100, \"%\",end=\"\\r\")
try:
infinite_scroller_button= driver.find_element(By.XPATH, \".//button[@aria-label='Load more results']\")
 infinite_scroller_button.click() time.sleep(0.1)
except:
 time.sleep(0.1)
pass
```

💬：根据你提供的代码和PEP-8规范，以下是对代码的修正。

```python
python
if len(jobs_num.split(',')) > 1:
jobs_num = int(jobs_num.split(',')[0]) * 1000
else:
jobs_num = int(jobs_num)


jobs_num = int(jobs_num)
```

```
jobs_num = 1000
i = 2


while i <= int(jobs_num / 2) + 1:
driver.execute_script("window.scrollTo(0, document.body.scrollHeight);")
i += 1
print(f"当前在：{i} 完成度：{((i + 1) / (int(jobs_num / 2) + 1)) * 100}%", end="\r")


try:
infinite_scroller_button = driver.find_element(By.XPATH, ".//button[@aria-label='Load more results']")
infinite_scroller_button.click()
time.sleep(0.1)
except Exception as e: # 更具体的异常处理会更好，比如特定的Selenium异常
time.sleep(0.1)
pass
```

主要的更改包括：

移除了不必要的分号。

使用了f-string来简化字符串的格式化。

将i = i + 1简化为i += 1。

为except子句添加了异常捕获变量e，以便进行可能的后续处理或记录。当然，根据上下文，你可能希望更具体地捕获某种类型的异常，而不是使用通用的Exception。

4.4.4　代码Debug

通过自动检查代码中的语法错误、逻辑错误以及其他潜在问题，并提供相应的修复建议，文心一言能够显著加快开发人员的调试和修复速度。这使开发人员能够更迅速地定位和解决问题，从而节省大量的时间和精力，同时确保代码的质量和稳定性得到有效提升。

案例实战

💬：检查以下代码检查bug并修改。

```
def divide_numbers(x, y):
try:
result = x / y
except ZeroDivisionError:
```

```
print("Error: Division by zero is not allowed.")
return None
else:
        return result
print(divide_numbers(10, 0))
```

🔘：你已经给出了一个divide_numbers函数，它试图处理除数为0的情况，但在调用这个函数时，你仍然用0作为除数来测试它。这样，虽然函数内部处理了这种情况，但从整体代码的角度看，这仍然是一个bug，因为你不应该故意触发这种错误。

为了修复这个bug，你应该确保在调用这个函数时不要使用0作为除数。但如果你想测试这个函数是否能正确处理除数为0的情况，那么可以保留这个调用，但要确保你知道这是一个测试，而不是一个常规的函数调用。

代码可以保持不变：

```python
def divide_numbers(x, y):
try:
result = x / y
except ZeroDivisionError:
print("Error: Division by zero is not allowed.")
return None
else:
return result

print(divide_numbers(10, 0))
```

但要记住，在实际的应用中，你应该避免这样的调用，除非是为了测试函数。

4.4.5　Python大脑

使用文心一言的Python大脑功能，开发人员可以显著提升编程效率、代码质量以及调试能力。该功能能够根据已有代码智能推荐相关的代码片段、函数和库，同时还提供强大的代码补全功能，从而助力开发人员更快速、准确地完成编程任务。这些特点共同作用，使开发过程更为高效，代码质量得到显著提升。

案例实战

👤：怎么用Python读取Excel表格中的数据并且输出第3行内容？

🔘：要读取Excel表格中的数据并输出第3行的内容，你可以使用Python的openpyxl库。请确保你已经安装了该库，你可以使用以下命令来安装。

```
pip install openpyxl
```

一旦安装完成，你可以使用以下代码来读取Excel文件并输出第3行的内容：

```python
import openpyxl

# 打开Excel文件
workbook = openpyxl.load_workbook('example.xlsx')

# 选择第一个工作表
worksheet = workbook.active

# 读取第3行的内容
third_row = worksheet[3]

# 输出第3行的内容
for cell in third_row:
    print(cell.value)
```

请确保将代码中的example.xlsx替换为你实际的Excel文件名。上述代码将打开Excel文件，选择第一个工作表，并读取第3行的内容。然后，它将逐个输出第3行中每个单元格的值。

4.4.6 代码解题报告

使用文心一言快速生成代码解题报告，开发人员可以避免花费大量时间和精力手写报告。该报告能够根据代码和问题的具体内容，提供清晰明了的解释和说明，有助于开发人员发现潜在的问题和优化点。此外，报告还会给出相应的解决方案和详尽的解释说明，以指导开发人员持续提高代码的质量和效率。这样的功能对于提升开发效率和代码质量具有显著作用。

案例实战

: 这是一段求数组最大值的代码，请写一篇解题报告，解题报告的正文必须包括：问题描述、分析、证明、代码、解释、复杂度分析几个方面。代码如下。

```
#include <bits/stdc++.h>
using namespace std;
int div_max(vector<int>& nums,int left, int right)
```

```
{
int max_left;
 int max_right;
 int mid;
if (left==right)return                    nums[left];
else if (right-left==1) return max(nums[left],nums[right]);
 mid=left+((right-left)>>1);
max_left=div_max(nums,left,mid);
 max_right=div_max(nums,mid+1,right);
return max(max_left,max_right);
}
 int main()
{ vector<int>nums={4,7,6,5,4,3,2};
cout<<div_max(nums,0,6)<<endl;
 return 0;
}
```

📄：解题报告：求数组最大值

一、问题描述

给定一个整数数组，我们需要找出数组中的最大值。这是一个常见的问题，在很多实际应用中都会用到，例如统计学、数据分析和算法等。

二、分析

本题的解法采用了分治策略。通过将数组一分为二，然后递归地在左右两个子数组中分别找出最大值，最后返回两个最大值中的较大者。这种方法的时间复杂度为 O(nlogn)，其中 n 是数组的大小。

三、证明

为了证明该算法的正确性，我们可以使用数学归纳法。首先，对于基本情况（数组大小为 1 或 2），算法显然能够返回正确的结果。然后，我们假设对于所有小于 n 的数组大小，算法都能正确地找到最大值。在此基础上，我们考虑数组大小为 n 的情况。根据归纳假设，算法能够在左子数组和右子数组中分别找到最大值。由于这两个最大值一定是整个数组的最大值之一，因此返回它们中的较大者即可得到整个数组的最大值。由此，我们证明了算法对于所有数组大小都是正确的。

四、代码

以下是使用 C++ 实现的代码。

cpp

```
#include <bits/stdc++.h>
using namespace std;

int div_max(vector<int>& nums, int left, int right) {
if (left == right) return nums[left];
else if (right - left == 1) return max(nums[left], nums[right]);
int mid = left + ((right - left) >> 1);
int max_left = div_max(nums, left, mid);
int max_right = div_max(nums, mid + 1, right);
return max(max_left, max_right);
}


int main() {
vector<int> nums = {4, 7, 6, 5, 4, 3, 2};
cout << div_max(nums, 0, 6) << endl;
return 0;
}
```

五、解释

在上面的代码中，div_max函数用于计算给定数组在指定区间内的最大值。它首先检查区间的大小，如果区间只有一个元素，直接返回该元素；如果区间有两个元素，返回较大的那个。否则，将区间一分为二，然后递归地在左右两个子区间中分别找出最大值，最后返回两个最大值中的较大者。main函数创建了一个示例数组并调用了div_max函数来计算最大值。

六、复杂度分析

由于算法采用了分治策略，每次将问题规模减半，因此时间复杂度为$O(n\log n)$，其中n是数组的大小。在最坏情况下，递归树的高度为$\log n$，每层递归需要$O(n)$的时间来处理子问题，因此总时间复杂度为$O(n\log n)$。空间复杂度方面，由于递归调用需要额外的栈空间来保存函数调用的上下文信息，因此空间复杂度为$O(\log n)$。

4.5· 论文写作：助力你的学术成果

本节将深入探讨如何利用文心一言提升论文写作的效率和质量。我们将依次介绍其五大核心功能：论文大纲生成、逻辑校验器、文本摘要、文本问答及文本润色，并通过详尽的使用示例，助力读者更好地掌握和运用这些功能，从而优化论文写作流程。

4.5.1　论文大纲生成

随着人工智能和自然语言处理技术的持续进步，学术写作工具的数量和功能也在不断增加，为研究者带来了更为便捷、高效的写作体验。文心一言作为其中的佼佼者，已经在论文写作领域发挥了显著作用，能够帮助用户更好地梳理论文结构和内容。在使用文心一言生成论文大纲时，用户需要特别注意输入的主题、研究问题和关键词应尽可能准确和具体，这样才能确保生成的大纲与研究内容高度相关，为后续的论文撰写奠定坚实基础。

案例实战

🧑：请为我撰写一份论文大纲，论文的研究问题是"人工智能与医疗"。论文采用的是"定量分析"的方法，你需要在大纲中包含研究问题、相关文献综述、研究方法、数据分析和结果呈现、结论与讨论这些部分。注意你需要保证内容逻辑清晰，分条表述，有结构关系。

💬：论文大纲：人工智能与医疗的定量分析

一、引言

1.1 研究背景

1.2 研究问题

1.3 研究目的与意义

二、相关文献综述

2.1 人工智能在医疗领域的应用

2.2 定量分析在医疗领域的研究现状

2.3 人工智能与医疗结合的研究进展

三、研究方法

3.1 数据来源与采集

3.2 数据预处理与清洗

3.3 数据分析方法选择

3.4 研究假设与变量定义

四、数据分析和结果呈现

4.1 描述性统计分析

4.2 相关性分析

4.3 回归分析与模型构建

4.4 结果呈现与解读

五、结论与讨论

5.1 结论总结

5.2 结果讨论与解释

4.5.2 逻辑校验器

在论文写作过程中，除了注重内容的质量和丰富性，保持逻辑的连贯性和合理性也是评判论文水平的重要标准。为了帮助用户更好地检查和修正论文中的逻辑错误，文心一言特别提供了逻辑校验器这一实用功能。该功能能够智能识别论文中潜在的逻辑错误和矛盾，并提供合理的修改建议，从而协助用户提升论文的逻辑性和整体质量。

案例实战

> 🧑：以下逻辑是否成立：没有老师是学生，一些学生是运动员，那有些运动员不是老师。
>
> 🤖：首先，我们来分析给出的前提条件。
>
> 1.没有老师是学生：这意味着老师和学生是两个完全不重叠的集合。换句话说，如果一个人是老师，那么他就不可能是学生；反之亦然。
>
> 2.一些学生是运动员：这意味着学生集合与运动员集合之间有一些交集。换句话说，存在某些人既是学生又是运动员。
>
> 考虑到前提条件1，老师和学生之间没有交集。而前提条件2告诉我们，有些学生是运动员。由于这部分既是学生又是运动员的人群与老师没有交集，因此这部分人群也不可能是老师。所以结论是正确的，确实存在一些运动员不是老师。
>
> 综上所述，结论"有些运动员不是老师"是成立的。

4.5.3 文本摘要

在信息时代，我们每天都需要处理海量的文字信息，然而，如何快速准确地理解这些信息并提炼出核心内容，却成了一个亟待解决的问题。为解决这一难题，文心一言特别推出了文本摘要功能。该功能能够自动提取文本的主要信息，并生成简洁明了的摘要，从而帮助用户更好地组织和归纳信息，实现工作效率和记忆力的双重提升。

案例实战

> 🧑：请对我提供的文本进行阅读理解和摘要。你的回答应该包含一段对原文的简要概述，注意需使用列表的形式突出文本的关键信息和主要观点。请确保摘要既简洁明了又准确完整，以便让读者能够快速了解原文的核心内容。请注意你需要给出：

【文本简介】简要概述

【文本核心内容】使用列表形式罗列关键信息

接下来。你需要处理的文本内容为：人工智能是当代科技的杰作，它以无与伦比的智能和深度学习能力，引领着人类进入了一个全新的时代。它的应用范围几乎涵盖了人类生活的方方面面，从医疗保健到交通运输，从金融服务到娱乐媒体，无处不在的人工智能正改变着我们的世界。人工智能的潜力是巨大的，它能够处理和分析比人类大脑更庞大的数据量，从中提取出有用的信息和模式。它能够自动学习和适应新的情境，不断提高自己的性能和准确度。人工智能还能够解决一些复杂的问题和挑战，为人类创造更多的可能性和机会。然而，人工智能也带来了一些令人担忧的问题。随着技术的进步，人们开始担心人工智能可能会取代人类的工作岗位，导致大规模的失业问题。此外，人工智能的算法和决策过程也可能存在偏见和不公平，需要我们付出更多的努力来解决这些问题。因此，我们需要明智地应用人工智能，确保其发展符合人类的利益和价值观。我们应该努力推动人工智能的发展，同时加强监管和伦理规范，保障人工智能的公正和透明。只有这样，人工智能才能成为人类进步和繁荣的重要推动力量，为我们创造一个更美好的未来。

◎:【文本简介】

该文讨论了人工智能在当代社会的影响，其广泛应用、潜力及带来的问题。文章强调了明智应用人工智能的重要性，并提出了对其发展的建议和看法。

【文本核心内容】

人工智能以智能和深度学习能力引领人类进入新时代。

人工智能的应用范围广泛，涉及医疗保健、交通运输、金融服务和娱乐媒体等。

人工智能具有巨大潜力，能处理大量数据、自动学习和适应新情境。

人工智能可能导致失业问题和对决策过程存在偏见和不公平的担忧。

需要明智地应用人工智能，确保其符合人类利益和价值观。

建议推动人工智能发展的同时，加强监管和伦理规范，确保其公正和透明。

4.5.4 文本问答

为了更加高效地获取准确信息，智能问答系统应运而生。与传统的搜索引擎相比，文心一言的文本问答功能具备显著优势。它不仅能够快速准确地回答各种问题，还能提供更加个性化的回答，从而充分满足用户多样化的信息需求。这一功能的实现，极大地提升了信息检索的效率和准确性，为用户带来了更加便捷的使用体验。

案例实战

◎: 现在你是一个阅读理解机器人，你会阅读并深度理解我给你的文本内容并据此回答我所提出的问题。注意，我给出的问题是："会计权责发生制下，如果我发生了经济活动，但是没收到现金会记录到账目上吗？"你需要阅读理解的文本是：会计权责发生制是目前我国会计制度中很重要的一个会计制度。它的核心思想是根据经济活动产生的权利和义务，来决定账户的记录时间。具体来说，在会计权责发生制下，无论是否已经收到或支付现金，只要经济活动已经发生，即产生了企业应收或应付的权利和义务，就应在当期会计期间内记录在对应的会计科目上。比如，销售商品即使尚未收款，也应在出货时确认销售收入；采购货物即使还未付款，也应在收货时确认采购费用。这种按经济实质计入账的方式，可以反映企业的真实财务状况，有利于企业内部决策和外部用户了解企业的经营状况。它最大限度地消除了现金支付的影响，强调经济实质而不是形式，更符合会计信息反映企业经济活动情况的目标。这也是国际公认会计制度的基本原则。

根据提供的文本内容，在会计权责发生制下，即使没有收到现金，但只要经济活动已经发生并产生了企业应收或应付的权利和义务，就应在当期会计期间内记录在对应的会计科目上。因此，答案是"会记录到账目上"。

4.5.5 文本润色

在日常工作和学习中，我们经常需要撰写各种类型的文档，如报告、论文、广告文案等。然而，即使我们的观点明确、内容丰富，如果文档的表述不够流畅或者存在语法错误等问题，也会严重影响读者对文档的评价和理解。为了解决这一问题，我们可以使用文心一言的文本润色功能。该功能能够智能优化文档的表述，提高文档的质量和可读性，使我们的文档更加易于被读者理解和接受。

案例实战

在不改变原语义和原语言的情况下，润色以下内容，使态度更加诚恳。原文内容：老师你好，打扰你了，对于昨天没完成作业，回家我们和孩子进行了了解和交流，孩子也表态，最后还自愿抄写作为自我提醒！也请宋老师监督我们。

老师你好，非常抱歉昨天孩子没有完成作业，给你添麻烦了。我们和孩子进行了深入的沟通和交流，孩子也对自己的行为进行了反思和表态。为了提醒自己，孩子还自愿抄写了作业。我们也希望宋老师能够继续监督我们，帮助我们更好地教育和引导孩子。再次感谢你的理解和支持。

润色后，语气更加诚恳和谦逊，同时也表达了家长对老师的尊重和信任，以及对孩子教育的重视和期望。

第 5 章

文心一言：你的生活小帮手

本章将深入探讨文心一言在多个生活领域中的实际应用，涵盖饮食规划、旅行攻略以及生活质量提升等方面。我们将详细介绍如何利用文心一言优化日常饮食、制定周密的旅行计划，并借助其各项功能提升生活质量。通过具体的实例和场景展示，读者将更全面地领略文心一言的实用性和高效性，进而在日常生活中更加娴熟地运用这一得力助手。

5.1 · 饮食男女：你的私人营养师

本节将详细阐述文心一言在饮食规划方面的应用，通过具体实例和操作方法，帮助读者根据自己的需求和口味发掘和尝试各种美食，制订个性化的饮食计划，并掌握健康的饮食习惯。此外，文心一言还能提供专业的美食点评和建议，让读者在享受美食的同时，也能保持身体的健康。无论是对美食充满热情的普通人，还是正在进行或准备进行饮食控制的人群，本章内容都将为其提供实用的指导和启发，让美食与健康在生活中和谐共存。

5.1.1 区域美食推荐

区域美食是地区独特饮食文化的生动展现，它深刻反映了当地的历史传统、地理环境以及民俗风情，为人们带来了丰富多彩的口感体验和文化享受。接下来，我们将详细介绍如何利用文心一言来推荐区域美食，帮助你轻松发现和品尝各地的珍馐美味，深入领略不同地域的饮食文化魅力。

在使用文心一言进行区域美食推荐时，请注意以下三点。

- 明确美食推荐区域：可以根据自己的兴趣选择某个特定的地区、城市或国家进行美食探索。

- 提出具体要求：在请求推荐时，请详细描述你的需求。例如，请为我推荐潮汕地区的特色美食及其著名的餐厅，或者注明你的口味偏好、预算等，以便得到更符合期望的推荐结果。

- 选择输出形式：文心一言可以根据你的指令，灵活生成列表、文字描述或地图形式的美食推荐，方便查阅和规划美食之旅。

案例实战

> ：作为游客，告诉我北京必吃的十大美食。
>
> ：作为游客，到北京旅游时必吃的十大美食包括：
>
> 1.北京烤鸭：北京最负盛名的特色菜肴，被誉为"天下美味"而驰名中外。
>
> 2.老北京炸酱面：传统的北京面食，由酱肉、黄瓜和面条制成，口感丰富。
>
> 3.炒肝：北京传统特色小吃之一，由猪大肠和猪肝制成，味道鲜美，滑而不腻。
>
> 4.豆汁：北京独特的饮品，由绿豆发酵而成，味道独特，营养丰富。
>
> 5.京酱肉丝：传统的京菜，以猪肉丝和甜面酱翻炒而成，色香味俱佳。
>
> 6.驴打滚：北京传统小吃之一，以糯米、红糖和黄豆粉为主要原料，口感软糯香甜。
>
> 7.豌豆黄儿：北京传统小吃之一，以豌豆为主要原料，口感细腻，味道香甜。
>
> 8.羊蝎子火锅：北京的特色火锅之一，选用羊蝎子和各种草本植物熬制而成的高汤为底料，辅以丰富的调料和蔬菜，味道浓郁。

9.炸灌肠：老北京的传统小吃之一，将灌肠切成片后裹上面糊炸至金黄色，外酥里嫩，香气四溢。

10.卤煮火烧：北京经典小吃之一，它将火烧、炖好的猪肠和猪肺放在一起煮，是北京比较经典的美食之一。据说卤煮火烧起源于苏州，后经过改良，并在清朝时期传入北京，成为北京的特色小吃。

这些美食具有浓郁的地方特色和独特的口感，品尝它们可以更好地了解北京的文化和历史。

5.1.2　减脂餐

在追求健康生活的道路上，减脂餐已经成为越来越多人的选择。然而，如何制定一份既美味又营养的减脂餐却是一个不小的挑战。下面，我们将介绍如何利用文心一言来生成个性化的减脂餐，让你在轻松享受美食的同时，也能达到减脂的目标。

首先，你需要明确自己的减脂餐需求与目标。例如，你可以说："我想要减轻体重，请为我生成一份适合减脂的早餐食谱。要求这份早餐食谱必须是低热量、高蛋白、低脂肪的，同时还需要提供详细的食材清单和烹饪步骤。"

其次，你可以根据自己的口味和喜好调整食谱。例如，你可以提出对食材、口味或烹饪方式的特别要求，如"我喜欢吃鸡蛋和蔬菜，不喜欢吃太甜的食物，请尽量在食谱中使用这些食材，并避免过多的糖分。"

通过这样的方式，文心一言将能够根据你的具体需求和偏好，生成一份既符合减脂要求又美味可口的个性化减脂餐。让你在享受美食的同时，也能轻松达到减脂的目标，享受健康的生活。

案例实战

🧑：生成一份包含蛋白质、碳水、脂肪的优质减脂餐。

🤖：早餐：

- 燕麦粥（50克干燕麦）
- 煮鸡蛋（1个）
- 鲜榨果汁（如橙汁、苹果汁等，1杯）

午餐：

- 烤鸡胸肉（150克）
- 烤蔬菜（如胡萝卜、西兰花、彩椒等，150克）
- 糙米饭（1碗，约150克）

晚餐：

- 红烧鲈鱼（150克）

- 蒸豆腐（100克）
- 炒青菜（如菠菜、小白菜等，200克）
- 红薯（1个，约200克）

整体营养学建议：

1. 增加膳食纤维的摄入：在午餐和晚餐的蔬菜中，尽量选择富含膳食纤维的品种，如绿叶蔬菜、豆类等。膳食纤维有助于增加饱腹感，减少对高热量食物的摄入。

2. 控制碳水化合物摄入：在午餐和晚餐的主食中，选择低升糖指数（GI）的碳水化合物，如糙米饭、红薯等。这些食物可以稳定血糖水平，减少饥饿感。

3. 保证蛋白质的摄入：在早餐、午餐和晚餐中，确保摄入足够的优质蛋白质，如鸡蛋、鸡胸肉、鲈鱼等。蛋白质有助于维持肌肉质量，促进脂肪燃烧。

4. 控制总热量摄入：根据个人的身高、体重和活动水平，计算每日所需的总热量。确保每日摄入的热量略低于或等于每日消耗的热量，以实现减脂目标。

5. 保持水分平衡：每天至少饮用8杯水，以保持身体正常的代谢和排毒功能。同时，减少高糖饮料的摄入，避免额外的热量摄入。

6. 规律作息和运动：保持充足的睡眠和规律的作息有助于调节身体内分泌系统，促进脂肪燃烧。同时，结合适量的有氧运动（如慢跑、游泳等）和力量训练（如举重、引体向上等），可以提高减脂效果。

请注意，以上减脂餐方案仅供参考。在制订和执行减脂计划时，请根据个人情况和专业营养师的建议进行调整。

提示：减脂是一个需要持续努力和不断调整的过程，其中饮食计划的改进尤为关键。通过与文心一言保持积极的互动，并不断探寻更加适合自己的减脂餐方案，你将能够更有效地实现自己的减脂目标。记住，坚持与调整是减脂成功的关键。

5.1.3 饮食计划

在当今快节奏的生活中，保持健康饮食显得越来越重要。用户可以根据自己的需求，利用文心一言轻松制订一份符合个人需求的饮食计划，从而更好地关注和管理自己的饮食健康。

案例实战

：制订一份适合都市上班族的健康饮食计划，计划内容需要包含一日三餐，营养均衡，科学配比。

：都市上班族健康饮食计划

一、计划背景与目标

针对都市上班族的生活节奏和营养需求，制订一份包含一日三餐、营养均衡、科学配比的健康饮食计划。通过本计划，旨在帮助都市上班族保持身体健康、提高工作效率、预防疾病。

二、饮食原则

均衡摄入：合理搭配蛋白质、碳水化合物、脂肪等营养素，确保每日所需热量的摄入。

多样化摄入：增加食物种类，摄取各种维生素和矿物质，提高身体免疫力。

控制热量摄入：根据个人需求调整热量摄入，避免肥胖等健康问题。

定时定量：保持每日三餐定时定量，避免暴饮暴食，有利于消化系统健康。

三、一日三餐具体方案

早餐（7:00—8:00）

主食：燕麦粥（50克）或全麦面包（2片）搭配低脂牛奶（200毫升）。

蛋白质：鸡蛋（1个）或豆腐（50克）。

蔬果：新鲜水果（如苹果、香蕉等）1个，或者蔬菜沙拉（生菜、西红柿、黄瓜等）50克。

午餐（12:00—13:00）

主食：糙米饭（1碗，约150克）或全麦面条（1碗，约100克）。

蛋白质：瘦肉（如鸡胸肉、瘦猪肉等，100克）、鱼肉（如三文鱼、鲈鱼等，100克）或豆制品（如豆腐、豆干等，100克）。

蔬菜：绿叶蔬菜（如菠菜、小白菜等，150克）或其他蔬菜（如西兰花、胡萝卜等，150克）。

蔬果：新鲜水果（如橙子、葡萄柚等）1个。

晚餐（18:00—19:00）

主食：杂粮饭（1碗，约150克）或红薯（1个，约200克）。

蛋白质：瘦肉（如瘦牛肉、瘦羊肉等，100克）、鱼肉（如鳕鱼、金枪鱼等，100克）或豆制品（如豆浆、豆腐脑等，150毫升）。

蔬菜：绿叶蔬菜（如芹菜、苋菜等，150克）或其他蔬菜（如青椒、茄子等，150克）。

蔬果：新鲜水果（如猕猴桃、草莓等）1个。

注意事项：

1.食物摄入量应根据个人需求和活动水平进行调整。如需增加或减少热量摄入，请按比例调整各类食物的摄入量。

2.如有特殊饮食需求或健康问题，请在医生或营养师的建议下进行调整。

3.保持饮食多样化，可根据季节和地域选择当地新鲜食材。

4.注意充足饮水，每日至少饮用8杯水以维持身体正常代谢。

5.避免过多摄入高糖、高盐、高脂肪食品，以免影响健康。

5.1.4 家常菜谱

接下来，我们将详细介绍如何利用文心一言生成家常菜谱。只需提供菜品名称，文心一言便会从食材准备、烹饪步骤到注意事项等方面，为你量身打造一份详尽的菜谱。这一功能不仅为你的厨房生活带来极大的便利，更能激发你的烹饪创意，助你增长厨艺，尽情享受制作和品尝美食的乐趣。

案例实战

> 🧑 : 告诉我麻婆豆腐的做法和注意事项。
>
> 🅰 : 麻婆豆腐是一道具有辣味的传统菜肴，以其麻辣的口感受到许多人的喜爱。以下是其做法及注意事项。
>
> 做法：
>
> 1.准备食材，包括豆腐、豆瓣酱、花椒、姜、蒜、小葱、盐、糖、生抽和淀粉等。
>
> 2.将豆腐切成小方块，放入加有少许盐的沸水中焯一下，去除豆腥味，捞出沥干备用。
>
> 3.锅中加油，烧热后加入花椒粒，小火炸出香味，捞出花椒粒不用。
>
> 4.加入姜蒜末，炒出香味，再加入豆瓣酱炒匀。
>
> 5.加入适量清水，放入豆腐块，轻轻推动几下，使豆腐均匀裹上酱汁。
>
> 6.加入少许盐、糖和生抽调味，盖上锅盖，小火煮5分钟。
>
> 7.淀粉加适量清水调成水淀粉，淋入锅中勾芡，轻轻推动豆腐，使汤汁浓稠。
>
> 8.最后撒入葱花即可出锅。
>
> 注意事项：
>
> 1.切豆腐时要从后往前切，以防粘刀。
>
> 2.煸炒肉馅和豆瓣酱时要用中小火，以免糊锅。
>
> 3.烧豆腐时要轻轻推动，以免弄碎豆腐。
>
> 4.水淀粉要分次加入，以便更好地掌握浓稠度。
>
> 5.花椒粉要在起锅前撒入，以免影响口感。
>
> 6.可以根据个人口味添加适量的辣椒粉或者花椒油，增加麻辣感。
>
> 7.麻婆豆腐中的豆瓣酱已经足够咸，因此不需要额外加盐。如果口味过重，可能会对健康造成不利影响。

5.1.5 美食点评

文心一言能够综合各种来源的信息和数据，为用户提供更为丰富和多维度的美食点评。它不仅会详细描述食物的口感、外观以及服务质量，还能根据用户的特定需求，提供有针对性的建议和观点。

以下是使用文心一言生成美食点评的指令示例。

- 要求文心一言点评指定餐厅，涵盖菜品质量、环境、服务等方面，例如，"请为我生成对'×××餐厅'的美食点评，包括菜品口感、餐厅环境以及服务质量。"
- 要求文心一言根据用户的口味偏好生成点评，例如，"我喜欢辣味和海鲜，请根据这些口味偏好为我生成一份美食点评。"
- 要求文心一言点评特定的美食类型，包括菜系的特色、经典菜品、口味等，例如，"请为我生成一份关于川菜的美食点评，重点介绍菜系的独特之处、经典菜品以及口味特点。"

通过这些指令，用户可以轻松获得全面且个性化的美食点评，为餐饮选择提供有力参考。

案例实战

🧑：作为美食家，点评一家川菜馆，需全面且专业。

🤖：标题：川味之旅——探访××川菜馆的味蕾盛宴

作为一个美食家，我有幸品尝了位于市中心繁华地段的××川菜馆。这家餐厅以传统川菜为主打，融合现代创新元素，为食客呈现了一场别具一格的味蕾盛宴。

一踏入餐厅，我被宽敞明亮的空间所吸引。装潢典雅而不失现代感，柔和的灯光洒落在舒适的座椅上，营造出温馨舒适的就餐氛围。墙壁上挂着的川菜历史和名菜介绍，彰显着餐厅对川菜文化的传承和弘扬。

餐厅的服务人员热情周到，礼貌得体。他们不仅提供了详细的菜单介绍，还根据我的口味偏好推荐了几道特色菜品。在等待上菜的过程中，他们还为我送上了清爽的凉菜和小吃，让我感受到了餐厅对客人的细心关怀。

接下来是重头戏——品尝美食。我首先尝试了招牌菜水煮鱼。鱼肉鲜嫩，麻辣鲜香，汤汁浓郁，让我感受到了川菜的麻辣魅力。接着是麻婆豆腐，豆腐口感细腻，麻辣鲜香，配上特制的豆瓣酱，让我回味无穷。除此之外，我还品尝了宫保鸡丁、辣子鸡等经典川菜，每一道菜都展现了厨师们对川菜烹饪技艺的精湛掌握。

值得一提的是，餐厅还注重菜品的创新和改良。他们推出了一系列融合中西元素的创意川菜，如麻辣比萨、川味汉堡等，让食客们在品尝传统川菜的同时，也能感受到创新的惊喜。

在饮品方面，餐厅提供了丰富的选择，包括各种果汁、茶饮、鸡尾酒等。这些饮品与川菜相得益彰，为食客们带来了更加丰富的味蕾体验。

总体来说，××川菜馆在菜品口味、服务质量、环境氛围等方面都表现出色。他们以传统川菜为基础，融合现代创新元素，为食客呈现了一场别具一格的味蕾盛宴。如果你是川菜的爱好者或者想尝试新口味的朋友，不妨来这家餐厅一探究竟。我相信你会在这里找到属于你的味蕾惊喜。

5.2 旅行攻略：助你旅途无忧

随着科技的飞速发展，人工智能已经渗透到我们生活的方方面面，为我们的日常生活带来了极大的便利。在旅行规划领域，文心一言已经帮助解决了众多旅行难题，成为旅行者的得力助手。通过深度学习，文心一言已经积累了丰富的旅行知识和信息，无论是目的地推荐、住宿选择，还是徒步路线规划，它都能为我们提供极具价值的建议。接下来，我们将详细介绍如何利用文心一言轻松规划一趟无忧旅程，让你的旅行更加愉快、顺畅。

5.2.1 目的地推荐

文心一言能够综合考虑用户的个人喜好、预算、旅行时间等多重因素，为用户推荐最适合的旅行目的地。通过这一功能，用户可以更加便捷、高效地规划旅行行程，从而节省大量时间和精力。在实际使用中，用户只需向文心一言输入相关信息，例如，"我偏爱自然风光，预算控制在5000元以内，计划旅行时间为5天。"文心一言便能迅速分析这些信息，并为用户推荐出既符合要求又具有高性价比的旅行目的地。

案例实战

> 😀：我有一周时间，预算5000元，你推荐我是去青岛还是去沈阳旅游？
>
> 🤖：根据你的预算和时间，青岛和沈阳都是不错的选择。不过，我会提供一些关于这两个目的地的信息，帮助你做出更好的选择。
>
> 1. 青岛
> ○ 青岛是一个美丽的海滨城市，拥有丰富的自然和人文景观。
> ○ 你可以游览栈桥、八大关、崂山等著名景点，还可以欣赏到壮观的海滨风光。
> ○ 青岛的美食也很有名，比如青岛啤酒、烤鱿鱼、脂渣等。
> ○ 需要注意的是，青岛的旅游旺季在夏季，所以酒店和机票价格可能会相对较高。
>
> 2. 沈阳
> ○ 沈阳是中国东北地区的中心城市，拥有悠久的历史和文化。
> ○ 你可以游览沈阳故宫、张氏帅府、北陵公园等著名景点，还可以品尝到地道的东北菜。
> ○ 沈阳的交通比较便利，机票和酒店价格相对较为合理。
> ○ 需要注意的是，沈阳的气候较为干燥，需要做好保湿措施。
>
> 综合考虑，如果你更喜欢海滨城市和自然风光，可以选择青岛；如果你对东北的历史和文化感兴趣，或者想品尝地道的东北菜，可以选择沈阳。不过，无论你选择哪个城市，都需要提前做好旅游规划和预算，以确保旅途愉快。

5.2.2　旅行住宿推荐

在旅行规划中，住宿的选择是一个至关重要的环节，直接关系到旅行者在旅途中能否享受到舒适、满意的住宿体验。为了帮助旅行者更加便捷、高效地选择适合自己的住宿，文心一言通过理解旅行者的需求和偏好，同时结合其输入的预算、地理位置等要求，能够迅速而准确地推荐出最符合要求的住宿选项，确保旅行者在旅途中能拥有愉快的住宿体验。

案例实战

👤：我想去北京旅游四天三晚，主要目的是游览故宫，预算2000元，你可以给我推荐合适的酒店吗？

🤖：当然可以！考虑你的预算和想要离故宫近一些的需求，我为你推荐以下两家酒店。

- 北京紫禁城皇冠假日酒店：这家酒店位于北京市东城区，距离北京故宫仅有500米，步行即可到达。酒店拥有完善的设施和舒适的住宿环境，是游客游览北京故宫的理想之选。

- 北京京古四合院酒店：这家酒店距离故宫500米、天安门广场1600米，早起步行15分钟，即可观看天安门升国旗。酒店位于北池子大街三条6号，是在胡同内，第一次去不太好找，可以跟着地图走。

总的来说，这些酒店都在你的预算范围内，并且距离故宫非常近，你可以根据自己的喜好和需求进行选择。

请注意，酒店的价格和可用性可能会根据季节和预订情况而有所变化。为了确保你得到最合适的住宿，我建议你提前进行预订和确认。

希望这些建议对你的旅行有所帮助！如果你需要更多的旅行建议或其他问题，请随时问我。

5.2.3　徒步路线

使用文心一言生成徒步路线是许多旅行者和户外爱好者所钟爱的功能。旅行者只需输入起点、终点以及希望途经的点等关键信息，系统便能依托其内置的地图数据和先进算法，迅速生成一条合适的徒步路线。该路线不仅综合考虑了距离、难度和沿途风景等多重因素，还能根据旅行者的个人偏好和体力状况进行灵活调整，为旅行者提供更加明智的决策支持，从而确保整个徒步过程既安全又舒适。

案例实战

👤：推荐5条虎跳峡徒步路线，请以表格的形式列出徒步线路、徒步距离、爬升高度。

🤖：表 5-1展示了5条虎跳峡周边的经典徒步路线。

表 5-1

徒步线路	起点	终点	徒步距离	爬升高度
线路1：Halfway→观音瀑→中虎跳峡	Halfway客栈	中虎跳峡	约10千米	约600米
线路2：中虎跳峡→一线天→核桃园→新渡口→大具乡	中虎跳峡	大具乡	约15千米	约800米
线路3：Halfway→张老师客栈→天梯客栈	Halfway客栈	天梯客栈	约12千米	约700米
线路4：Halfway→茶马客栈→二十八道拐→纳西雅阁	Halfway客栈	纳西雅阁	约14千米	约850米
线路5：中虎跳峡→哈巴雪山观景台→哈巴村	中虎跳峡	哈巴村	约18千米	约1000米

这些路线涵盖了虎跳峡周边的经典徒步路线，包括不同难度和距离的选择，适合各种户外爱好者。这些路线将带领你领略到虎跳峡的壮丽景色和丰富多样的自然风光。在实际徒步过程中，请务必注意安全，并根据自己的体力和经验选择合适的路线。在出发前，最好向当地人或专业向导咨询相关路况和安全信息。

提示：在使用文心一言生成徒步路线时，需要综合考虑安全、准备、联络、指示、身体状况、自然环境以及备选计划等多重因素。只有全面遵循这些注意事项，才能确保你的徒步之旅既安全又愉快。请务必在出发前做好充分准备，并在徒步过程中保持警惕，随时应对可能出现的变化和挑战。

5.2.4　旅游规划

使用文心一言进行旅游规划，确实能为旅行者提供极具价值的建议。文心一言能够综合考虑个人喜好、预算、旅行时间等多重因素，为旅行者精准推荐适合的旅游目的地、住宿选择、餐饮安排和娱乐项目。这样，旅行者就无须在海量信息中费力筛选和纠结，而是可以轻松获得个性化的旅游规划建议，从而享受更加丰富多彩的旅行体验。

案例实战

：作为游客，告诉我长沙必吃美食，以及制定一份三天两晚的旅游攻略。

：长沙三天两晚旅游攻略

一、长沙必吃美食

1. 臭豆腐：长沙臭豆腐是湖南长沙传统的特色名吃，长沙当地人又称"臭干子"。色墨黑，外焦里嫩，鲜而香辣。焦脆而不糊，细嫩而不腻，初闻臭气扑鼻，细嗅浓香诱人。

2. 口味虾：长沙人一年能吃掉1500吨小龙虾！清蒸、油焖、爆炒、烧烤、辣卤、蒜蓉、椒盐……各种口味应有尽有。

3. 嗦粉：米粉之于湖南，就像米线之于云南，面条之于山西，皆是不可撼动的权威。

4. 糖油粑粑：糖油粑粑是用糯米粉和糖做成的特色小吃，也是长沙市的地方传统名吃。长沙人对糖油粑粑的喜爱，是与生俱来刻入骨子里的。

5. 茶颜悦色：长沙人喝奶茶不一定会选择茶颜悦色，但不少外地人到长沙就是奔着一杯茶颜悦色来的。

6. 剁椒鱼头：严格来说，剁椒鱼头并非传统湘菜，其应该算创新后的湘菜，是近几年才创作出并红火起来的菜品。

二、三天两晚旅游攻略

第一天：

上午：抵达长沙后入住酒店，然后前往岳麓山游览。岳麓山是中国四大赏枫胜地之一，也是长沙市的文化名山之一。游客可以在这里领略到山水风光和历史文化魅力。

中午：在山下的岳麓山小吃街品尝当地特色美食，如臭豆腐、口味虾等。

下午：游览湖南省博物馆，了解湖南的历史和文化。湖南省博物馆是湖南省最大的综合性历史艺术类博物馆，收藏了丰富的文物和艺术品。

晚上：前往橘子洲头欣赏湘江两岸的夜景，并品尝当地小吃和美食，如糖油粑粑等。

第二天：

上午：游览岳麓书院了解中国古代书院的历史和文化。岳麓书院是中国古代四大书院之一，也是中国现存最古老的学府。

中午：在附近品尝当地特色美食，如剁椒鱼头等。

下午：前往天心阁游览。天心阁是长沙古城的一座城楼建筑，具有深厚的历史文化内涵和独特的建筑风格。

晚上：前往五一广场逛街购物，并品尝当地小吃和美食，如茶颜悦色等。

第三天：

上午：自由活动或购物休闲，可以前往黄兴步行街或坡子街逛逛，购买一些当地特色手工艺品或纪念品作为留念。

中午：在附近品尝当地特色美食，如米粉、麻辣烫等。

下午：结束旅程，返回出发地。

5.2.5　拍照机位

文心一言能够准确理解摄影师的意图，并结合场景特点进行智能分析，迅速推荐符合要求的拍摄机位。通过文心一言的帮助，摄影师可以更加便捷、高效地确定拍摄位置，从而节省大量时间和精力。这一功能不仅提升了摄影师的拍摄体验，还有助于提高作品的整体质量。无论是寻找新的拍摄角度，还是优化现有的拍照机位，文心一言都能为摄影师提供有力的支持。

案例实战

：请作为旅行摄影专家，推荐北京环球影城的拍照机位。

：作为旅行摄影专家，我非常高兴能为你推荐北京环球影城的拍照机位。这个主题公园是个绝佳的摄影地点，有很多值得捕捉的精彩瞬间，以下是我为你精选的几个机位。

1. 入口处的球形建筑

从入口处看向那个标志性的大球，你可以尝试低角度拍摄，让球体显得更为庞大，给人一种即将进入魔幻世界的感觉。

2. 哈利·波特的霍格沃茨城堡

在清晨或黄昏时分，阳光洒在城堡上，为其披上金色的光辉。你可以选择城堡的一侧，使用广角镜头捕捉城堡的全貌和光影交错的美景。

3. 变形金刚区域的大型机器人

这些巨型机器人是绝佳的拍摄对象。你可以尝试从低角度进行拍摄，让机器人显得更为高大和震撼。

4. 小黄人乐园的色彩斑斓建筑

在这个区域，你可以捕捉到色彩鲜艳、形状各异的建筑和设施。使用鱼眼镜头或广角镜头，你可以拍出充满活力的画面。

5. 侏罗纪世界的水域

在傍晚时分，当灯光逐渐亮起，你可以尝试慢门拍摄，捕捉到水流和光影的完美结合。

6. 好莱坞区域的老式汽车

这里停放着几辆复古汽车。你可以选择一个合适的角度，使用大光圈进行拍摄，让汽车与背景分离，呈现一种复古电影的氛围。

7. 表演与巡游的瞬间

环球影城里有许多精彩的表演和巡游。准备好相机并调整快门速度，捕捉演员们精彩的表演瞬间和游客们的欢乐表情。

8. 灯光与烟花秀

在夜晚，环球影城会上演一场精彩的灯光与烟花秀。选择一个合适的位置，使用三脚架和长曝光，你可以拍摄到五彩斑斓的天空和烟花绽放的瞬间。

9. 各种主题商店与餐厅的细节

环球影城内有许多具有特色的商店和餐厅。不妨走进去，捕捉一些有趣的细节和游客互动的瞬间。

10. 幕后制作区的工作场景

如果你有机会参观幕后制作区，不要错过捕捉那些工作人员正在制作电影的魔法瞬间。记得带上备用电池和足够的存储卡，因为你可能会在这里拍到停不下来！祝你在北京环球影城度过一个愉快的摄影之旅！

5.2.6　景点典故

文心一言能够提供丰富的景点专业知识，根据用户的需求和兴趣，精准推荐适合的景点，并附带相关的历史、文化、传说等介绍。借助文心一言，用户可以更加便捷、高效地获取各种风景名胜的历史文化知识，从而节省大量的时间和精力。这一功能不仅提升了旅游的便捷性，还丰富了旅游体验的深度和广度，让用户在欣赏美景的同时，也能深入了解其背后的历史文化内涵。

案例实战

👤：请作为一名资深导游，为我介绍寒山寺的背后故事。

💬：寒山寺背后的故事

寒山寺，位于中国江苏省苏州市的姑苏区，是一座历史悠久的佛教寺庙。它的名字背后蕴含着深厚的文化内涵和许多传说故事，下面我将为你一一揭晓。

寒山寺的创建可以追溯到梁代天监年间（502—519年），由两位高僧——希迁和僧珉所建。初名"妙利普明塔院"，后因唐代贞观年间，弟子寒山曾在该寺居住，故改名为"寒山寺"。寒山是一位著名的诗僧，与拾得并称为"和合二仙"，他的诗篇在寺庙内被广泛传颂，寒山寺因此成为文人墨客向往之地。

寒山寺在历史上多次遭到破坏和重建。清代咸丰十年（1860年），寺庙在战火中化为灰烬。光绪年间，江苏巡抚陈夔龙等人集资重建，历时30余年才完成。此后，寒山寺逐渐成为苏州的一大名胜。

在寒山寺的历史长河中，有许多传说和故事。其中最著名的莫过于张继的《枫桥夜泊》。据说，唐代诗人张继在赴京赶考途中，夜泊于苏州城外的枫桥。他听到远处传来的钟声，灵感涌现，写下了这首脍炙人口的诗篇。诗中的"姑苏城外寒山寺，夜半钟声到客船。"描绘了一种孤寂、清远的意境，使寒山寺名扬四海。

此外，寒山寺的钟楼也颇具传奇色彩。钟楼内悬挂着一口巨大的铜钟，钟声悠扬洪亮。相传，每年除夕之夜，当钟声敲响108下时，可以消除人们一年的烦恼和灾难。因此，每年除夕之夜，许多游客都会慕名而来，聆听这神奇的钟声。

在寺庙的布局上，寒山寺的建筑风格独特。它采用了传统的中轴线对称布局，主要建筑包括天王殿、大雄宝殿、钟楼等。寺庙内的佛像、壁画、雕刻等艺术品也都体现了中国佛教艺术的精髓。

如今的寒山寺已成为中国佛教界的著名寺庙之一，吸引了无数游客前来参观和朝拜。在这里，人们不仅可以领略到佛教文化的魅力，还可以感受到中国传统文化的深厚底蕴。同时，寒山寺也是一个研究中国历史、文化和艺术的重要窗口，为我们了解过去、传承文化提供了宝贵的资源。

5.2.7　一站式出行清单

文心一言能够迅速获取旅行目的地的天气状况、热门景点推荐、餐厅预订等各类实用信息。同时，它还能根据用户的个人偏好和预算，提供定制化的旅行建议。借助文心一言，用户可以轻松规划和管理自己的出行清单，实现一站式出行服务的便捷体验。这一功能极大地提升了出行的便捷性和效率，让旅行更加轻松愉快。

案例实战

> 🧑：我元旦要去开封旅游，时间为四天三晚，帮我列一个一站式旅行清单，需要包含出行工具、行李清单等。

> 🅾：当然可以！以下是一份为期四天三晚的开封一站式旅行清单，涵盖了出行工具、行李清单以及其他重要事项。请注意，这只是一个建议性的清单，你可以根据自己的需求进行调整。
>
> 一、出行工具
>
> 高铁/火车：预订从出发地到开封的高铁或火车票。
>
> 地铁/公交：在开封市内使用地铁和公交车进行游览，可购买交通卡方便支付。
>
> 出租车/网约车：适当使用出租车或网约车进行短途出行，确保交通便利。
>
> 二、行李清单
>
> 衣物：根据开封的天气情况准备相应的衣物，如外套、毛衣、长裤、短袖衫等。同时，带上一双舒适的鞋子用于长时间步行。
>
> 个人用品：牙刷、牙膏、毛巾、洗发水、沐浴露等必要的洗漱用品。
>
> 电子设备：手机、充电器、耳机、相机等用于记录和分享旅行点滴。
>
> 旅行证件：身份证、学生证、门票等必备证件，方便进入景点和享受优惠。
>
> 现金/银行卡：准备一定的现金用于小额支付和应急，同时带上银行卡方便大额消费。
>
> 药品：常用的感冒药、止痛药、创可贴等，以备不时之需。
>
> 其他：水杯、晴雨伞、防晒霜、墨镜等，根据天气和个人需求准备。
>
> 三、旅行计划
>
> 开封府：游览古代官府建筑，了解历史文化。
>
> 清明上河园：欣赏宋代文化实景表演，体验古代生活。
>
> 大相国寺：参观皇家寺院，感受宁静与历史。
>
> 龙亭公园：欣赏开封夜景，俯瞰城市风光。
>
> 当地美食：品尝开封特色美食，如灌汤包、羊肉烩面等。
>
> 四、注意事项
>
> 关注天气情况，合理安排行程。
>
> 遵守景点规定，文明旅游。
>
> 注意人身安全，保管好个人财物。
>
> 尊重当地风俗习惯，融入当地生活。

希望这份一站式旅行清单能对你的开封之旅有所帮助！在旅行过程中，你可以根据自己的需求进行灵活调整。祝你在开封度过一个愉快、充实的元旦假期！

5.3· 生活质量提升小贴士：幸福感暴增

　　文心一言，作为一款先进的人工智能语言模型，为用户提供了众多实用功能。无论是节日礼物挑选、日常穿搭建议，还是健康管理中的健身计划制订，抑或电脑问题解答、新生儿命名参考、婚礼祝福词撰写以及城市探索指南，文心一言都能提供有价值的建议和帮助。这些功能不仅极大地提升了用户的生活质量，更让用户在日常生活中感受到由此所带来的便捷和幸福。

5.3.1　节日礼物推荐

　　通过深度学习和对海量数据的分析，文心一言能够精准地洞察收礼者的喜好、需求以及个性特质，为我们提供科学且个性化的礼物推荐。这一功能不仅帮助我们省去了在挑选礼物时耗费的大量时间，还大大提高了选择礼物的准确性和满意度，让送礼变得更加贴心、合意。

案例实战

👤：请根据收礼人的特征、收礼人与赠礼人关系、赠礼原因来推荐5款有心意的礼品，并附上推荐理由。收礼人的特征：女，40岁，教师。收礼人与赠礼人关系：母女。赠礼原因：庆祝母亲节。

🤖：根据收礼人的特征、收礼人与赠礼人关系以及赠礼原因，以下是5款有心意的母亲节礼品推荐。

1. 定制化花束与手写卡片

推荐理由：花束代表了感激与尊重，不同的花朵有着不同的寓意，可以根据母亲的喜好进行选择；手写卡片则更具心意，可以写下对母亲的祝福和感谢，让母亲感受到独特的温暖。

2. 精致茶具与高品质茶叶

推荐理由：品茶是一种生活态度，对于身为教师的母亲来说，课后或工作之余，品一杯好茶，既能放松心情，又能体验生活的美好。茶具和茶叶的选择要考究，确保品质和口感上乘。

3. 高质量蓝牙耳机

推荐理由：身为教师，母亲在工作或休闲时都需要一个高音质的耳机。高质量的蓝牙耳机不仅能让她在工作中更加便捷，还可以在休息时享受高品质的音乐或有声读物。

4. 个性化定制的手绘肖像画

推荐理由：这是一份非常有心意的礼物，可以将母亲最喜欢的照片或者她与你的合照进行手绘处理，制成肖像画。这不仅能装点家居，更能让母亲感受到你的用心和深情。

5. SPA护理券或按摩器

推荐理由：教书育人的工作往往让人身心俱疲，送母亲一张SPA护理券或一个高品质的按摩器，可以让她在工作之余得到放松和恢复，也是表达关心和感激的好方式。

在选择礼物时，最重要的是心意而非价格。确保你的选择能够体现你对母亲的感激和关心，让她在母亲节这一天感受到特别的温暖和爱意。

5.3.2　穿搭推荐

文心一言能够根据用户的身材、肤色、风格偏好以及具体场合的需求，为用户提供多样化的服装搭配建议。借助文心一言的智能分析，用户不仅可以节省大量的时间和精力，在穿搭上更加得心应手，还能更加自信地展现自己的独特魅力和个性风采。

案例实战

👤：你是一个出行穿搭小助手，你需要根据我提供的信息为我推荐今天适合什么样的搭配。你的穿搭建议需要与我提供的信息相匹配，以下是我提供的信息：

天气：晴天；交通：乘出租车；目的地：商场；行程：和家人去商场吃饭。

🅰：好的，根据你提供的信息，以下是我为你推荐的穿搭方式。

上衣：简约舒适的T恤或衬衫

下装：休闲裤或长裙

鞋子：平底鞋或凉鞋

配饰：简约的手提包或背包、防晒霜、帽子等

推荐理由：

今天天气晴朗，所以你可以选择简约舒适的T恤或衬衫作为上衣，颜色可以根据你的喜好选择；下装可以搭配休闲裤或长裙，这样可以确保你在商场行走时的舒适度；鞋子方面，建议选择平底鞋或凉鞋，这样可以让你的双脚得到放松；配饰方面，可以选择简约的手提包或背包来携带必需品，同时不要忘记带上防晒霜和帽子，以保护你的皮肤免受阳光伤害。

祝你和家人在商场度过愉快的用餐时光！

5.3.3　健身计划

如今，越来越多的人开始认识到健康的重要性，并积极投身于健身运动。然而，制定一个科学、合理且符合个人需求的健身计划并非易事，因为每个人的体质、目标和时间分配都存在差异。幸运的是，文心一言能够综合考虑用户的个人信息、健康状况、运动偏好和目标，为用户生成一份全面且量身定制的健身计划，从而帮助用户更加高效、安全地达到健身目标。

案例实战

👤：请你扮演一位健身教练，根据我的要求给我定制一份健身计划。我有过一年的健身史，肩颈力量较弱，需要全身增肌，重点是上身增肌。健身场所是家里，无器械。

🅖：好的，我将扮演一位健身教练，针对你的要求给你提供一份在家进行的、无器械的健身计划。

根据你的情况，我为你设计了一份以自重训练为主的全身增肌健身计划，重点是上身增肌。请注意，以下计划仅供参考，具体锻炼过程中应根据自身情况适时调整。

一、热身运动（5分钟）

1.跳绳：2分钟

2.动态拉伸：3分钟

二、力量训练（40分钟）

1.俯卧撑：3组，每组最大次数。如果标准俯卧撑太困难，可以采用膝盖触地的简化版本。

2.徒手深蹲：3组，每组15~20次。深蹲时要注意保持腰背挺直，避免受伤。

3.仰卧举腿：3组，每组15~20次。这个动作可以锻炼到腹部和大腿肌肉。

4.俄罗斯转体：3组，每组15~20次。这个动作可以锻炼到核心肌群和侧腹肌肉。

5.倒立撑（靠墙）：3组，每组尽可能长时间保持。这个动作可以锻炼到肩部和核心肌群，对增强肩颈力量很有帮助。

6.平板支撑：3组，每组30~60秒。这个动作可以锻炼到全身肌肉，特别是核心肌群和上肢肌肉。

7.仰卧起坐：3组，每组15~20次。这个动作主要锻炼到腹部肌肉。

三、有氧运动（15分钟）

选择一种喜欢的有氧运动，如高强度间歇训练（HIIT）、跳绳、原地跑步等，进行15分钟的运动。这有助于提高心肺功能和促进身体恢复。

四、拉伸与放松（5分钟）

进行全身拉伸与放松，重点对肩颈部位进行深度拉伸。可以使用瑜伽垫或毛巾来帮助完成拉伸动作。

五、饮食建议

1.保证每天摄入足够的蛋白质，来源包括瘦肉、鱼、蛋、豆腐等。可以尝试分餐制，将一天的蛋白质分配到每餐中。

2.碳水化合物摄入要适中，选择低GI值的食物，如燕麦、全麦面包等。避免过多摄入高糖和高脂肪食物。

3.多吃蔬菜和水果，保证摄入足够的维生素和矿物质。可以尝试多样化的蔬菜沙拉和水果拼盘。

4.控制盐分摄入，避免水肿。注意食物中的隐形盐分，如加工食品和调味品中的盐分。

5.增加膳食纤维的摄入，帮助消化。可以多吃粗粮和豆类食物来增加膳食纤维的摄入。

6.每天喝足够的水，保持身体水分平衡。可以尝试定时饮水或使用水壶来提醒自己喝水。

请注意，在家锻炼时要保持正确的姿势，避免受伤。如果在锻炼过程中感到不适或疼痛，应立即停止锻炼并寻求专业建议。祝你健身愉快！

5.3.4　计算机IT专家

　　文心一言的计算机IT专家功能是一项集成了先进人工智能算法和技术的强大工具。该功能能够模拟人类专家的思维方式和行为模式，为用户提供智能化的解决方案。借助深度学习和大数据分析，它能够准确识别和理解各种复杂问题，并给出精确的建议和解决方案。这一创新功能不仅极大地提升了工作效率，还显著提高了人们的生活质量，使技术真正服务于人们的需求。

案例实战

💬：我希望你担任 IT 专家，你将对我提出的计算机相关问题提供解决方案。你需要尽量避免过多的技术细节。注意使用简单易懂的语言来描述解决方案，而非进一步阐述问题对应的原理。接下来我的第一个问题是：我的计算机出现蓝屏错误怎么办？

🔷：计算机蓝屏可能是由于多种原因造成的，以下是一些可能的解决方案。

1. 重启计算机：有时候蓝屏可能只是暂时的系统错误，重启计算机可能会解决问题。

2. 检查硬件：蓝屏有时也可能是由于硬件问题引起的，例如内存、硬盘等。你可以尝试打开计算机主机，检查硬件是否插好，是否有损坏。如果你不确定如何检查硬件，请寻求专业人员的帮助。

3. 更新驱动程序：如果蓝屏问题仍然存在，你可以尝试更新计算机的驱动程序，特别是显卡和声卡驱动程序。你可以通过设备管理器来更新驱动程序，或者去计算机制造商的官方网站上下载最新的驱动程序。

4. 恢复系统：如果以上方法都没有解决问题，你可以考虑使用系统还原功能来恢复计算机到一个之前的正常状态。请注意，在使用系统还原功能之前，你需要备份重要的文件和数据。

希望以上解决方案能够帮助你解决蓝屏问题。如果问题仍然存在，请寻求专业人员的帮助。

💬：我该如何更新驱动程序呢？

🔷：更新驱动程序有几种方法，以下是最常见的三种。

1.使用设备管理器

打开"控制面板"并找到"设备管理器"。

在设备管理器中，找到你想要更新的设备，比如显卡或声卡。

右击该设备，选择"更新驱动程序"。

接着，你可以选择自动搜索更新的驱动程序，或者手动指定驱动程序的位置。

2.使用制造商的官方网站

访问你的硬件设备制造商的官方网站，比如NVIDIA、AMD或Intel等。

在网站上找到"支持"或"下载"部分，并输入你的设备型号。

下载与你的设备和操作系统兼容的最新驱动程序。

安装下载的驱动程序。通常，下载的文件会是一个安装程序，你只需要双击运行并按照提示操作即可。

3.使用第三方软件

有一些第三方软件，如Driver Booster、Driver Easy等，可以自动检测、下载和安装更新的驱动程序。

下载并安装这些软件后，它们通常会扫描你的计算机并列出需要更新的驱动程序。

你只需要单击"更新"按钮，软件就会为你下载和安装最新的驱动程序。

无论使用哪种方法，更新驱动程序之前都建议备份你的数据和系统设置，以防万一出现问题。

5.3.5 新生儿起名

使用文心一言为新生儿起名，是一种智能化、高效率且富含文化内涵的选择。用户只需输入相关的信息和期望，文心一言便能迅速生成一系列符合要求的名字供用户挑选。这一功能基于对语言、文化、历史等多方面的深度理解，能够结合用户输入的信息，生成既富有个性又寓意美好的名字，让起名变得更加轻松而富有创意。

案例实战

：请为姓刘的女孩起3个不落俗套的名字。

：当然，以下是3个为刘姓女孩建议的名字，这些名字既有深意又不落俗套。

1. 刘瑾瑜："瑾"意为宝石的光华，象征着贵重和纯洁。"瑜"有完美无瑕的意思，这个名字整体给人一种高贵而完美的感觉，寓意女孩将如宝石般璀璨，内外兼美。

2. 刘婉如："婉"意为娴静美好，表达了女孩的温柔和善良特性。"如"意为如意，如愿以偿，寓意女孩将拥有一生顺遂，事事如意的美好愿望。

3. 刘思淼："思"意为思考，寓意女孩将拥有独立思考的能力。"淼"意为水面广阔，寓意女孩的思想将如同广阔的海洋，深不可测。

以上是我根据你的要求提出的建议，希望能帮助你找到满意的名字。

5.3.6　日常医护知识

通过文心一言，用户可以轻松获取准确且实用的日常医护知识。相较于传统的查阅书籍或网络搜索方式，使用文心一言能够更迅速地获取所需知识，并且有效避免因信息来源不可靠而导致的误解或误导，使获取医护知识的过程变得更为便捷和准确。

案例实战

👤：发高烧时需要注意什么，怎样做才能痊愈？

💬：发高烧时，需要注意以下几点。

1.保持室内空气流通，有助于散热和降低室内温度。

2.多喝水，以补充体内流失的水分，并有助于通过尿液排出体内的热量和毒素。

3.穿宽松、透气的衣服，避免过多穿衣导致热量无法散发。

4.卧床休息，以减少能量消耗，有助于身体恢复。

5.用湿毛巾敷额头，有助于降低体温。

6.定时测量体温，以便及时了解体温变化情况。

如果高热持续不退或者出现其他症状，建议及时就医。医生可能会推荐一些药物来帮助降低体温和缓解症状。

为了痊愈，除了注意以上事项，还需要：

1.遵医嘱按时服药。医生开具的药物可以帮助缓解症状和预防并发症。

2.保持良好的饮食习惯。在发烧期间，尽量选择清淡易消化的食物，如稀饭、面条、新鲜蔬菜和水果等。避免吃辛辣、油腻和刺激性的食物。

3.保持充足的睡眠。充足的睡眠有助于身体恢复和免疫系统功能的提高。

4.减少活动量。在发烧期间，尽量避免剧烈运动和过度劳累，以免加重病情。

5.保持心情愉快。良好的心态有助于身体的恢复。

5.3.7　婚礼送祝福

使用文心一言，人们不仅能够节省思考如何表达祝福的时间，还能使祝福的方式变得更为丰富多彩和富有创意。它可以根据新人的个性特点进行定制化祝福，有效避免重复和陈词滥调，确保每一句祝福都真挚而有意义，为喜庆的场合增添更多温馨和喜悦。

案例实战

👤：朋友过两天就要结婚了，我该如何为她送上祝福呢？朋友是女生，需要物质和言语上的祝福，请你推荐一下。

◎：当然，我很愿意帮助你为你的朋友送上最美好的祝福。以下是我为你提供的一些建议：

物质祝福

1.结婚礼物：你可以为你的朋友挑选一份特别的结婚礼物，比如家居装饰品、厨房用品或者一套精美的瓷器。考虑到她的个性和喜好，选择一份她会喜欢并能在婚后生活中使用的礼物。

2.鲜花：送一束美丽的鲜花是表达祝福的一种非常直接且受欢迎的方式。你可以选择她喜欢的花，或者选择代表爱情和幸福的鲜花，比如玫瑰和百合。

3.礼金：在很多地方，参加婚礼时给新人礼金是一种传统。你可以根据你们的关系和你的经济能力来决定礼金的金额。

言语祝福

1.当面的祝福：在婚礼当天，你可以当面向她表达你的祝福。你可以说："亲爱的，看到你穿着婚纱的样子真是太美了。我衷心祝愿你和你的另一半婚姻幸福，白头偕老。"

2.书面祝福：如果你想在她的婚礼上给她一个特别的惊喜，你可以提前准备一份书面的祝福词。在祝福词中，你可以提到你们的友情，表达你对她的爱和祝福，也可以适当地加入一些幽默的元素。

3.社交媒体祝福：在她的婚礼之前或之后，你也可以在社交媒体上为她送上祝福。你可以发一条朋友圈或者私信她，向她表达你的喜悦和祝福。

以上就是我为你提供的一些建议，希望能够帮助你为你的朋友送上最美好的祝福！

&：可以帮我写一段祝福语吗？

◎：当然可以，以下是我为你准备的祝福语。

亲爱的朋友，

随着你步入婚姻的殿堂，我想向你表达我最深的祝福。愿你的婚姻生活充满甜蜜与温馨，愿你们彼此珍惜，相互扶持，共同走过人生的每一个阶段。愿你们的爱情如同美酒，越陈越香，愿你们的生活如同优美的旋律，和谐而幸福。在你的新生活开始之际，我衷心祝愿你婚姻美满，幸福长久。你是我最珍贵的朋友，我为你感到骄傲和幸福。

5.3.8　CityWalk路线推荐

探索自己所在的城市，深入感受其历史底蕴、文化氛围和风土人情，是许多人的愿望。CityWalk作为一种流行的城市探索方式，正日益受到人们的青睐。然而，面对城市中众多的景点和错综复杂的交通网络，如何规划一条理想的CityWalk路线确实是一大挑战。幸运的是，文心一言能够为我们提供强大的支持。当我们将文心一言应用于CityWalk路线推荐时，它便能根据城市的地理信息、历史文化背景，以及用户的个人偏好和时间安排，智能地生成一条最佳的CityWalk路线。这一功能不仅帮助我们节省了大量的规划时间，还确保了路线的质量和趣味性，让我们的城市探索之旅更加精彩纷呈。

案例实战

请为我推荐一条青岛的CityWalk路线，要求打卡青岛异国建筑。

当然可以，青岛是一个充满异国风情的城市，拥有大量的异国建筑，尤其以德国建筑最为突出。以下是我为你推荐的一条青岛CityWalk路线，重点打卡青岛的异国建筑。

起点：浙江路火车站

1. 浙江路火车站：这是一座典型的德国文艺复兴风格建筑，也是青岛最古老的火车站。你可以在此欣赏到建筑的精致细节，同时感受历史的厚重。

2. 青岛德国总督楼：沿着浙江路向北走，你将来到江苏路，这里有一座宏伟的德国总督楼。这座建筑是德国威廉二世时期的建筑风格，是青岛最大的德国建筑之一。

3. 胶澳总督府：继续沿着江苏路向北走，你将来到沂水路，这里有一座胶澳总督府。这是一座新古典主义风格的建筑，现在是青岛市人大常委会和青岛市政协的办公地点。

4. 青岛基督教堂：从胶澳总督府出发，沿着江苏路向南走，然后转到曲阜路，你将看到一座美丽的红色屋顶的教堂——青岛基督教堂。这是一座德国古堡式建筑，也是青岛最著名的教堂。

5. 青岛信号山公园：从青岛基督教堂出发，你可以步行到信号山公园。这里的旋转观景台可以俯瞰整个青岛老城区，包括许多异国建筑的全景。

6. 青岛德国监狱旧址博物馆：从信号山公园下来，你可以沿着龙山路向南走，这里有一座德国监狱旧址博物馆。这座建筑是德国侵占青岛时期所建的，现在是一座博物馆，展示了青岛的历史和文化。

7. 青岛天主教堂：最后，你可以沿着浙江路向南走，回到起点附近的天主教堂。这是一座罗马式建筑，也是青岛最大的哥特式建筑，是青岛著名的景点之一。

终点：浙江路火车站

这条CityWalk路线将带你领略青岛的异国风情和历史遗迹。在行走的过程中，你不仅可以欣赏到建筑的美丽和精致，还可以感受到历史的厚重和文化的魅力。同时，这也是一条相对轻松的路线，适合各个年龄段的游客。

第 6 章

文心一言：让你的生活更有趣

人工智能的迅猛发展，已经为我们的日常生活带来了无数的便利与新奇的体验，而文心一言的出现无疑为生活的多元化和趣味性增添了更为浓墨重彩的一笔。无论是寻求新奇的趣味挑战、解决假日电影选择的难题，还是期望与虚拟角色进行深入的对话和情感交流，文心一言都能一一满足这些需求，让我们的生活变得更加丰富多彩。接下来，本章将从这四个方面入手，带领大家一同领略文心一言所带来的独特生活魅力。

6.1· 趣味挑战：快来脑洞大开

在生活中，趣味与挑战常常是相互依存、相辅相成的。为了满足人们不断增长的娱乐需求，各种新颖、有趣的挑战活动也应运而生。这些挑战形式多样，既可以是轻松幽默的次元壁挑战、料理挑战，也可以是富有洞察力的性格测试，以及充满智慧的废话文学挑战和硬核吐槽。每一种挑战都是对思维的一种锻炼，同时也是情感的一种释放，它们都能给人们带来别样的乐趣和意想不到的惊喜。

6.1.1 次元壁挑战

使用文心一言进行次元壁挑战时，参与者将获得一个智能的对话伙伴。这个伙伴不仅能够理解和分析复杂的指令，更能根据具体情境提供富有创意的建议或反馈，进而推动挑战的不断深入。更为重要的是，文心一言有助于我们打破思维的桎梏，从一个全新的视角来审视和解决问题，为次元壁挑战带来更多的可能性与乐趣。

案例实战

> 🔵：给我提供一个次元壁挑战的主题、故事背景、人物角色、对话内容。
>
> 🔘：当然，以下是一个次元壁挑战的主题、故事背景、人物角色和对话内容。
>
> 主题：穿越时空的奇幻冒险
>
> 故事背景：在一个充满奇幻元素的多元宇宙中，各个时空之间隐藏着神秘的通道。这些通道被称为"次元壁"，连接着不同的世界和时空。一个来自现代的探险家意外发现了这些次元壁，决定组织一支队伍，进行一次穿越时空的奇幻冒险，探索未知的领域和时空。
>
> 人物角色：
>
> 1. 主角（探险家）：一个来自现代的探险家，对未知的世界充满好奇和渴望。他/她勇敢地带领队伍穿越时空，面对各种未知的挑战和危险。
>
> 2. 魔法师：一个来自魔法世界的强大魔法师，拥有操控时间和空间的能力。他/她帮助主角打开了次元壁，提供了关键的指导和支持。
>
> 3. 机器人伙伴：一个来自未来世界的智能机器人，拥有强大的技术和分析能力。它负责队伍的后勤和技术支持，在冒险中起到关键的作用。
>
> 4. 异域战士：一个来自异域世界的战士，拥有强大的战斗力和生存技能。他/她负责保护队员的安全，与来自不同时空的敌人战斗。
>
> 对话内容：
>
> 片段一：初次集结
>
> 地点：探险家的基地
>
> 主角（激动地）：大家准备好了吗？我们即将开始一次穿越时空的奇幻冒险！

魔法师（微笑）：我已经打开了次元壁，准备好了带领大家进入未知的时空。

机器人伙伴（兴奋）：我已经分析了目标时空的环境和危险性，做好了充分的准备。

异域战士（坚定）：我会保护大家的安全，与任何敌人战斗到底！

片段二：穿越时空

地点：次元壁前

主角（紧张地看着次元壁）：我们要进入这个未知的时空了，大家准备好了吗？

魔法师（点头）：放心吧，我会用我的魔法保护大家，一起勇敢地前进吧！

机器人伙伴（鼓励）：我们已经做好了充分的准备，一定能够应对各种挑战和危险。

异域战士（紧握武器）：我会在前面开路，保护大家的安全！

片段三：奇幻冒险

地点：未知的时空

主角（好奇地环顾四周）：这里真是太神奇了！我从未见过这样的景象和生物！

魔法师（惊叹）：这个时空充满了奇幻元素和未知的力量，我们要小心应对。

机器人伙伴（分析）：根据我的扫描和分析，这里有一种强大的未知能量场，可能会对我们的设备和能力产生影响。

异域战士（警惕）：我们要保持警惕，这里可能会有未知的敌人和危险。一起探索这个奇幻的世界吧！

6.1.2　料理挑战

文心一言能够理解用户的语音指令和文本输入，为厨房中的各种设备和食材提供智能化的控制与管理。借助文心一言，用户可以更加便捷地获取食材信息、掌握烹饪技巧、调整料理配方，进而烹饪出一道道独具特色的创意料理。在锻炼厨艺和激发创意的同时，用户还能够亲身体验到人工智能为厨房带来的革命性变革。

案例实战

👤：根据料理挑战的要求，提供一份趣味料理给我，包括但不限于智能食谱搜索、语音控制厨房设备等。

🤖：趣味料理：智能魔幻慕斯

一、智能食谱搜索

通过使用文心一言的智能食谱搜索功能，我们可以找到一份充满创意的魔幻慕斯食谱。这款慕斯结合了现代科技和传统甜点制作技巧，呈现令人惊叹的口感和外观。

二、语音控制厨房设备

在制作过程中，我们可以利用文心一言的语音控制厨房设备功能，简化操作步骤并提高制作效率。例如，通过语音指令控制搅拌器的速度、烤箱的温度以及定时器的设置。

三、材料准备

1. 巧克力饼干碎：150克

2. 融化黄油：75克

3. 奶油奶酪：250克

4. 糖：100克

5. 酸奶：200克

6. 吉利丁粉：2茶匙

7. 水：100毫升

8. 香草精：1茶匙

9. 彩色糖珠：适量

四、制作步骤

1. 使用语音控制搅拌器，将巧克力饼干碎和融化的黄油混合均匀，然后压入模具底部，冷藏备用。

2. 在另一个碗中，加入奶油奶酪和糖，使用搅拌器搅拌均匀。

3. 加入酸奶和香草精，继续搅拌至均匀。

4. 在小锅中，将吉利丁粉和水混合均匀，加热至融化，然后倒入奶酪混合物中，搅拌均匀。

5. 将搅拌好的慕斯液倒入模具中，冷藏至凝固。

6. 使用语音控制烤箱，预热至适当温度。

7. 将凝固的慕斯取出，撒上彩色糖珠进行装饰。

8. 最后，将装饰好的魔幻慕斯放入预热好的烤箱中，烘烤至表面微微焦黄即可。

五、成品展示

通过智能食谱搜索和语音控制厨房设备的辅助，我们成功制作出了这款充满创意的智能魔幻慕斯。这款慕斯外观惊艳，口感丰富多变，彩色糖珠的加入更是增添了一丝神秘感。让我们一同感受科技为料理带来的无限创意和乐趣吧！

6.1.3　猪八戒性格测试

随着人们对自我认知的追求不断增长，性格测试成为一种帮助人们更好地了解自己、认识真我、实现自我成长的有效工具。为了满足这一自我探索的需求，文心一言推出了独具特色的"猪八戒性格测试"。通过参与这一测试，用户可以从多个维度深入了解自己的性格特征，进而找到更适合自己的发展方向。以下是详细的测试步骤。

01 登录文心一言平台，输入"猪八戒性格测试"以生成个性化的测试题目。

02 仔细阅读测试说明，确保充分了解测试的目的、流程和评判标准。

03 根据题目的提示，诚实地回答每一个问题，确保答案能够真实反映自己的情况和想法。

04 完成所有问题后，系统将根据你的答案生成一份性格测试报告。

05 仔细阅读测试结果，了解自己的性格特征、优点、潜在缺点以及发展建议。

06 根据测试结果进行自我反思，制定针对性的个人提升计划，以实现更好的自我成长。

案例实战

👤：猪八戒性格测试

💬：猪八戒性格测试：解读你的内心"二师兄"

一、测试简介

本测试将带领你进入猪八戒的内心世界，通过一系列问题，揭示你性格中与猪八戒相似的特点。猪八戒，这位《西游记》中的重要角色，以其憨厚、贪吃、懒惰又聪明的形象深入人心。通过这个测试，你将了解自己是否也拥有这些特质，以及如何在日常生活中运用它们。

二、测试说明

1.请根据第一印象选择答案，无须过多思考。

2.答案无好坏之分，仅代表个人性格倾向。

3.测试结果仅供娱乐参考，不必过于认真。

三、测试题目

当你遇到困难时，你会选择：

A.请求朋友帮助

B.尝试自己解决问题

C.直接放弃

在聚会上，你更喜欢：

A.与人交流，结识新朋友

B.独自享受美食，安静待在一旁

C.积极参与活动，成为焦点

面对诱惑时，你的自制力如何？

A.很容易受到诱惑

B.有时能抵挡住诱惑

C.总是能抵挡住诱惑

你认为自己的聪明才智如何？

A.高于一般人

B.和一般人相当

C.低于一般人

在工作中，你的态度是：

A.勤奋努力，追求完美

B.悠闲自在，不求有功但求无过

C.善于抓住机遇，灵活应变

面对压力，你通常：

A.积极应对，寻找解决办法

B.暂时逃避，寻找放松方式

C.容易崩溃，难以承受压力

你对待金钱的态度是：

A.花钱大方，不拘小节

B.有计划地花钱，量入为出

C.对金钱有强烈的渴望和追求

四、测试结果解析：

根据上述问题的答案，我们将分析你的性格倾向：

A选项居多：你与猪八戒一样，拥有广泛的人脉和善于交际的能力。你热情开朗、待人友好。但可能有时过于依赖他人，缺乏自主性。在面对困难时，不妨尝试独自解决问题，提升自我能力。

B选项居多：你与猪八戒相似，享受悠闲自在的生活，不争强好胜。你拥有很强的自制力，面对诱惑能够保持清醒。然而，在工作中你可能缺乏进取心，可以适当挑战自己，追求更高的目标。

C选项居多：你与猪八戒一样聪明机智，善于应对各种变化和挑战。你具有很强的适应能力和抗压能力。但你可能需要注意在人际交往中保持谦逊和真诚，避免过于自负和功利。同时要学会放松自己，不要过于追求金钱和物质。

6.1.4　废话文学大师

随着网络文化的蓬勃发展，废话文学逐渐崭露头角，成为一种备受欢迎的文学形式。废话文学以其无意义、荒谬、幽默的特点，吸引了众多网友的瞩目和积极参与。文心一言作为一款智能工具，能够根据用户的输入，自动生成一段段精彩纷呈的废话文学段落。用户可以根据自己的创作需求，选择不同的风格、主题和长度，从而轻松创作出独具特色的废话文学作品。

案例实战

💬：生成废话文学段落，文章要求幽默、充满荒谬性。

🅰：在一个风和日丽的早晨，我醒来发现自己变成了一把茶壶。我试图挥舞着茶壶嘴，但发现只能倒出热气腾腾的茶水。我感到有些困惑，开始思考自己是怎么变成茶壶的。突然，一只飞翔的橡皮鸭从窗户飞了进来，停在我的茶盖上。它眨了眨眼睛，对我说：

"别担心，你只是进入了废话文学的世界。在这里，一切都有可能发生。"

我感到好奇，决定探索这个充满荒谬的世界。于是，我和橡皮鸭一起踏上了冒险之旅。我们穿越了一片由棉花糖组成的森林，越过了一条流淌着彩虹水的溪流，来到了一座由果冻构成的山峰。

在山峰上，我们遇到了一群正在举行派对的饼干人。它们热情地邀请我们加入，我们一起跳舞、唱歌，享受着欢乐的时光。突然，一只巨大的冰淇淋怪兽出现了，它想抢走我们的派对。我们不甘示弱，团结起来与冰淇淋怪兽展开了一场激战。

经过一番激战，我们终于成功地击败了冰淇淋怪兽。饼干人们欢呼雀跃，将我们视为英雄。我感到有些得意扬扬，却突然发现自己变回了人类。原来，这一切只是一场荒谬而幽默的梦。

我醒来后，不禁感慨万分。虽然这个世界充满了荒谬和幽默，但也让我们看到了想象力的无限可能性。在这个充满废话文学的世界里，我们可以放下束缚，尽情发挥创造力，享受生活的乐趣。

希望这个充满荒谬性的废话文学段落能带给你一些欢乐和启发。让我们葆有一颗幽默的心，用想象力和创造力去创造更多荒谬而有趣的故事吧！

6.1.5　硬核吐槽

随着网络文化的迅猛发展，废话文学和吐槽都逐渐成为流行的表达方式，其中吐槽尤其能够帮助我们释放生活中的压力。当使用文心一言进行硬核吐槽时，它能够精准捕捉输入文本中的槽点，快速生成符合用户期望的吐槽内容。这些内容可以涵盖生活中遇到的荒谬情况、令人不满的琐事，或者任何你想要一吐为快的话题。得益于文心一言卓越的语言处理能力，用户的槽点能够以幽默诙谐的方式得到完美表达，使吐槽内容更富趣味性和传播力，让人们在分享中感受到轻松与愉悦。

案例实战

：地铁人真多！我都快被挤扁了！

：对于你输入的"地铁人真多！我都快被挤扁了！"文心一言的硬核吐槽功能可能会生成以下回应。

"没关系，就当是参与了一场无限制的瘦身挑战吧！毕竟，地铁也能帮你塑造完美身材呢！"

这个回应以幽默的方式表达了对你槽点的理解和同情，同时也为你提供了一种以游戏和轻松的方式来应对地铁拥挤的情况。当然，这只是一个示例回应，实际的回应可能会因系统的处理方式和算法而有所不同。

无论如何，希望这个回应能够给你带来一些欢乐和轻松的心情。同时，如果你在使用文心一言硬核吐槽功能时有任何其他问题或需要进一步的帮助，请随时告诉我。

6.2 · 拜托假日电影荒：邀请你来看一部电影

在悠闲的假日时光，一部好电影常常能为我们带来别样的心灵享受，让我们沉浸其中，感受电影艺术的魅力。本节将从四个方面为读者提供一系列与电影相关的精彩内容，旨在满足不同层次的电影爱好者在假日期间的观影需求，让每一位读者都能找到属于自己的电影盛宴。

6.2.1 电影推荐

随着电影产业的不断繁荣以及数字化技术的迅猛发展，观众们面临着日益丰富的电影选择。然而，在如此浩瀚的电影海洋中，如何准确挑选出符合个人口味的佳作无疑成为一项挑战。为了解决这一难题，文心一言巧妙地运用了自然语言处理和机器学习技术，能够根据用户的独特需求智能地为其推荐合适的电影。以下是使用文心一言进行电影推荐时的一些建议注意事项。

- 明确个人偏好：在寻求电影推荐时，清晰地表明自己偏爱的电影类型，如科幻、动作、喜剧、爱情等，将有助于文心一言更精准地理解你的需求。提供的信息越具体，文心一言所推荐的电影就越能贴合你的口味。

- 细化需求：除了电影类型，你还可以提出其他方面的要求，如期望的电影评分、特别的观影体验、特定的导演、电影的制作年代或语言等。这些细节将有助于进一步缩小推荐范围，使文心一言能够为你呈现更加精确且符合期待的电影推荐。

案例实战

🧑：请作为一名电影评论家，推荐三部中国喜剧电影，要求观影感受真实、内容客观、评价公正。

🤖：作为一名电影评论家，我很高兴向你推荐三部中国喜剧电影：《疯狂的石头》《人在囧途》和《唐人街探案》。

1.《疯狂的石头》：这部电影以其独特的黑色幽默风格和出色的剧情设计，成为中国喜剧电影的经典之作。它以低成本高票房的成绩证明了其巨大成功。观众可以通过一群小人物围绕一块价值连城的翡翠展开的爆笑故事，感受到导演宁浩的巧妙叙事和节奏把握。每个角色都有其独特的性格和笑点，让观众捧腹大笑。

2.《人在囧途》：这部电影以王宝强和徐峥的出色表现为核心，通过他们在回家路上遇到的一系列爆笑事件，让观众感受到真正的"回家过年"的喜悦与艰辛。故事情节引人深思，而且演员的演技也都在线，整部作品的节奏也非常合适。观众可以在欢笑中体会到生活的无常和温情。

3.《唐人街探案》：作为一部侦探喜剧片，该片将悬疑与喜剧元素巧妙地结合在一起，形成了一种新颖有趣的电影类型。王宝强和刘昊然的搭档充满化学反应，两人在侦破案件的过程中不断碰撞出火花。故事情节设计巧妙，令人捧腹大笑的同时，也展现了侦探的智慧和勇气。

总的来说，这三部电影都是中国喜剧电影的佳作，它们以真实、客观、公正的态度展现了喜剧的魅力。观众可以在这些电影中找到欢笑、温情和思考，感受到中国喜剧电影的独特魅力。同时，我也相信这些电影能够给你带来愉快的观影体验。

6.2.2 无剧透影评

在电影产业日益繁荣的当下，观众对电影的评价与讨论已然演变成为一种举足轻重的文化现象。然而，随着社交媒体的广泛普及，剧透问题也愈发严重，这无疑对观众的观影体验构成了不小的破坏。幸运的是，文心一言应运而生，它能够依据用户的观影历史与偏好，智能地撰写出不含剧透的影评。这样一来，不仅促进了人们对电影的深入交流与探讨，更有效地规避了剧透所带来的种种不良影响，从而悉心呵护了每一位观众的观影体验。

案例实战

🧑：请你编写一篇电影《肖申克的救赎》的无剧透影评。你可以从情节、主题、演技和角色等方面进行评论。

🤖：《肖申克的救赎》：希望与自由的牢狱传奇

《肖申克的救赎》是一部改编自斯蒂芬·埃德温·金的同名小说的经典剧情片，以其深邃的主题、出色的演技和完美的情节设计赢得了全球观众的喜爱。该片以一座监狱为背景，深入展示了一个普通人在极度困境中如何坚守希望，最终重获自由的故事。

影片的情节设计巧妙且引人入胜，观众会随着主角安迪的视角逐渐深入了解监狱这个特殊社会的运作机制。情节发展自然流畅，悬念和转折点的设置更是让人欲罢不能。导演通过细腻的叙事手法，让观众深入感受角色的内心世界，体验他们在困境中的挣扎与成长。

影片的主题是希望与自由。在一个看似没有出路的环境中，安迪用自己的智慧和勇气为狱友们带来了希望和改变。他的故事告诉我们，即使在最黑暗的时刻，只要心中有希望，就有可能找到出路。这一主题对于现代社会具有深刻的启示意义，让人们反思如何在困境中保持信念和勇气。

在演技和角色方面，《肖申克的救赎》堪称典范。蒂姆·罗宾斯和摩根·弗里曼的出色表演让角色栩栩如生，观众能够深刻感受到他们的情感变化和内心挣扎。特别是蒂姆·罗宾斯饰演的安迪，他的表演层次分明，成功地塑造了一个既智慧又充满人性光辉的角色。其他配角的表演也各具特色，共同为影片增色添彩。

此外，《肖申克的救赎》在导演手法和摄影技巧方面也有出色的表现。导演弗兰克·德拉邦特运用独特的视角和剪辑手法，让观众从不同角度感受监狱生活的无常和残酷。摄影技巧的运用也相得益彰，为影片营造了紧张而富有张力的氛围。

影片的结局更是令人印象深刻，观众在感受到主角重获自由的喜悦之余，也会对影片所传达的深刻主题产生更深的思考。这样的结局设计不仅令人回味无穷，更让影片的主题得到了升华。

总的来说，《肖申克的救赎》是一部堪称完美的影片，它在情节、主题、演技和角色等方面都有出色的表现。该片以一座监狱为背景，深入探讨了希望与自由的重要性，让观众在感受到角色成长的同时也对自己的生活产生思考。强烈推荐给所有喜欢剧情片和寻找人生启示的观众。

6.2.3 专业影评

在电影艺术这一博大精深的领域里，专业影评人扮演着举足轻重的角色，它不仅是观众、评论家与电影制作者之间沟通的坚实桥梁，更是深化理解、提升欣赏层次的必备工具。然而，要撰写一篇既深入又客观的高质量影评，其难度不容小觑，这要求作者不仅拥有深厚的电影知识储备，还需具备敏锐的洞察力和流畅的文笔。文心一言正是为此而生的，它能够精准地把握电影的情节、角色、主题等核心元素，进而生成富有洞察力和深度的专业影评，助力观众更全面地领悟电影之精髓，从而极大地丰富观影体验。

在使用文心一言生成专业影评时，用户需注意以下具体事项，以确保获得最佳的服务体验。

- 提供详尽的电影信息。包括但不限于电影名称、导演、主要演员阵容等关键信息，这将有助于文心一言更准确地把握电影的内容和风格特点，从而进行更有针对性的分析。
- 明确具体要求。用户可根据自身需求，要求文心一言对电影的剧情、角色塑造、导演手法、摄影技巧等方面进行深入剖析，或者从专业角度出发，对电影进行客观公正的整体评价。
- 强调影评的专业性和深度。用户应明确要求生成的影评必须具备专业性、深度和权威性，确保所得到的分析和评价都是基于扎实的电影专业知识，从而为用户提供真正有价值的观影参考。

案例实战

😀：假如你是电影评论家，请你编写一篇电影《忠犬八公》的影评。你可以从情节、主题和基调、演技和角色、配乐、特效、剪辑、节奏等方面进行评论。强调电影给你的感觉和共鸣点。

🎬：《忠犬八公》：时光、忠诚与无言的爱

在众多的电影作品中，《忠犬八公》无疑是一部触动人心的佳作。它讲述了一个平凡而又深刻的故事，通过一只狗与主人之间的深厚情感，引发观众对于爱、忠诚和时间的深刻思考。

情节方面，影片巧妙地运用了倒叙和插叙的手法，让观众逐渐了解八公与主人之间的点点滴滴。这种叙事方式不仅增强了故事的悬念和吸引力，也使观众能够更加深入地感受到八公对主人的深深眷恋。

在主题和基调上，《忠犬八公》强调了忠诚与爱的力量。影片通过八公对主人的执着等待，传达了一种"无论时光如何流转，爱永不消逝"的情感。这种情感在当今这个快节奏的社会中显得尤为珍贵，它提醒我们，无论生活如何变化，我们都应该珍视那些真正对我们好的人，珍视那些值得我们等待和付出的人。

在演技和角色方面，影片的演员们都展现出了出色的表演能力。尤其是八公的扮演者，通过细腻的眼神和动作，成功地塑造了一个忠诚、聪明的狗狗形象。观众能够从八公的眼神中看到它对主人的深深眷恋，这种表演无疑增强了影片的感染力。

配乐方面，影片的音乐旋律悠扬动人，与故事情节相得益彰。音乐在关键时刻的响起，总是能够准确地调动观众的情绪，让人不禁泪目。

在特效和剪辑方面，影片也展现出了相当高的水准。特效处理自然逼真，让观众仿佛真的看到了一只聪明的狗狗在屏幕上活跃。剪辑手法流畅，使故事情节紧凑有序，观众能够紧跟故事节奏，感受每个情感的高潮。

影片的节奏把握得当，情节转换自然流畅，使观众能够在紧张悬疑与温馨感人之间自由切换。特别是在展现八公等待主人的漫长时光时，导演通过巧妙的节奏安排，让观众感受到了时间的流逝和八公内心的坚定。

观看《忠犬八公》，我被八公对主人的深深眷恋打动。那种无论时光如何流转，都坚定等待一个人的情感，让我深感主人公的光辉与伟大。同时，影片也让我思考了自己与身边人的关系，提醒我要珍视那些真正对我好的人，珍视那些值得我等待和付出的人。

总的来说，《忠犬八公》是一部情感真挚、制作精良的影片，值得每一个喜欢动物、珍视情感的人去观看。

6.2.4　电影解说脚本

随着短视频行业的蓬勃发展，观众渴望在更短的时间内领略电影的精髓与魅力。为了满足这一日益增长的需求，电影解说视频逐渐崭露头角，它不仅为观众提供了便捷的电影观赏方式，更成为辅助观众深入理解电影内涵、品味电影艺术的重要工具。然而，要制作出高质量的电影解说视频殊为不易，这要求制作者不仅具备扎实的电影知识基础，还需拥有独到的见解和流畅的表达能力。文心一言凭借其强大的智能处理能力，能够根据制作者提供的电影基本信息，生成富有深度与创意的解说脚本，既有效减轻了制作者的工作负担，又显著提升了解说脚本的整体水准，从而为广大观众带来了更加丰富多彩的观影体验。

在使用文心一言生成电影解说脚本时，制作者需要注意以下几点。

- 明确脚本解说的核心要点。这些要点可以包括剧情的走向、角色之间的复杂关系、影片的独特风格以及导演的创作意图等。明确这些要点将有助于文心一言更加精准地把握电影的主题和精髓。

- 强调叙事流畅性和逻辑连贯性。要求文心一言在生成脚本时，确保句子与段落之间的衔接自然流畅，叙事逻辑严密，避免出现突兀或跳跃的情况。这将有助于观众更加顺畅地理解和接受解说内容。

- 注重情感和情绪的表达。电影是情感的载体，解说视频同样需要传递出电影中的情感和情绪。因此，在使用文心一言生成脚本时，应根据不同的情节和场景，适当融入情感和情绪的表达，使解说视频更加生动感人。

案例实战

Q：我要做一个关于《阿甘正传》的电影解说视频，需要你帮我生成一份电影解说脚本，风格要求励志，视频长度在3分钟左右，提供给我视频语气、视频重点。

A：标题：《阿甘正传》：奔跑吧，人生！

视频语气：励志、温情、感慨

视频重点：阿甘的奋斗精神、友情与爱情的力量、珍惜当下

【视频开头】

（背景音乐：轻盈、积极，画面展示电影海报）

解说词：大家好，今天我要给大家解说一部经典励志电影——《阿甘正传》。这部电影讲述了一个"傻子"阿甘如何凭借一股傻劲，跑出了自己精彩人生的传奇故事。现在，就让我们一起跟随阿甘的脚步，去感受那份奔跑的激情吧！

【视频中段】

（画面展示电影片段，背景音乐：激昂、动感）

解说词：阿甘，一个智商只有75的"傻子"，却用他的一生诠释了什么是真正的奋斗精神。他跑过了童年同学的歧视，跑过了越南战争的炮火，跑过了乒乓球外交的赛场，跑遍了全美国。他用他的坚持和毅力，证明了傻人有傻福，更证明了每个人都能创造属于自己的奇迹。

（画面切换至阿甘与珍妮的爱情故事）

解说词：除了奋斗精神，这部电影还让我们感受到了友情与爱情的力量。阿甘与珍妮的爱情，就像一场漫长的马拉松，虽然过程中充满了曲折和艰辛，但最终他们还是找到了属于自己的幸福。这告诉我们，爱情需要坚持和信任，只有这样才能收获真正的幸福。

【视频结尾】

（画面展示阿甘与母亲、珍妮及儿子的温馨时刻，背景音乐：温情、感慨）

解说词：最后，这部电影教会我们珍惜当下。阿甘的一生充满了意外和惊喜，但他始终保持着一颗感恩的心，珍惜身边的每一个人和事。正是因为这份珍惜，让他的人生变得更加丰富多彩。所以，朋友们，珍惜我们身边的每一个人和事吧，因为正是这些构成了我们独一无二的人生。

（画面淡出，背景音乐逐渐减弱）

解说词：好了，今天的电影解说就到这里了。希望大家能从《阿甘正传》这部电影中汲取到奔跑的力量和人生的智慧。让我们一起努力奔跑吧！谢谢大家！

6.3 人物对话：来一场跨时空交流吧

本节将引领读者踏入一场别开生面的跨时空对话。通过文心一言的神奇力量，我们将深入探索"长颈鹿看世界"所展现的独特视角、"孔子评四书五经"蕴含的深邃智慧、"牛顿被苹果砸中"激发的灵感瞬间、"鲁迅评网络热词"呈现的锐利洞察，以及"李白替我写封信"所流露的诗意情怀。在这场跨越时空的思想碰撞中，读者将与历史上的杰出人物共舞，不仅重新解读历史，更开启一场全新的知识探索之旅。让我们汲取前人的智慧，拓宽自身的视野，为未来的前行指引方向。

6.3.1 长颈鹿看世界

文心一言的"长颈鹿看世界"功能有助于激发我们的创造力与想象力。通过模拟长颈鹿的独特视角，并与之展开对话，我们能够以一种全新的方式来观察世界，从而发现那些在日常生活中容易被忽略的迷人细节和美丽景色。这一功能在艺术创作和摄影等领域具有显著的推动作用，能够启发创作者产生更多灵感，进而创作出更具创意和独特性的作品。

此外，通过与长颈鹿的对话，我们还能更直观地了解它们的生活习性、生态环境以及与其他动物的关系等丰富知识，从而增进对动物世界的认知。这对于教育和科普工作具有重要意义，有助于提升公众的科学素养和环保意识，共同为构建一个和谐共生的自然环境贡献力量。

案例实战

🔘：请作为长颈鹿，描述一下你所看到的场景。

🔘：作为长颈鹿，我身处一个宽敞且绿意盎然的栖息地。当我环顾四周时，我看到的场景令人惊叹不已。

首先，我的目光被茂密的树叶所吸引。郁郁葱葱的大树枝繁叶茂，宛如一片绿色的海洋。阳光透过树叶的缝隙洒在地面上，形成斑驳的光影，犹如自然洒下的一幅美丽画卷。

在远处，我看到了一片广袤的草原，延绵起伏，宛如大地的绿色绒毯。草原上散布着一些树木和灌木丛，它们为草原增添了一抹生机和多样性。一群悠闲自得的斑马在草原上漫步，身上黑白相间的条纹在阳光下熠熠生辉。

而在栖息地的另一侧，一片湖泊映入眼帘。湖水清澈见底，微波荡漾。湖边生长着一排排柳树，轻轻摇曳着它们的枝条。湖中央有一座小岛，上面栖息着一些白鹭。它们优雅地展翅高飞，在空中划出一道道优美的弧线。

每天，这里都会涌入许多游客。他们来自各个地方，有的带着笑容和好奇心，有的则拿着相机和笔记本，准备记录下这美妙的瞬间。我也很喜欢和游客们互动，有时候我会缓缓走到他们身边，好奇地伸出长长的脖子去探索他们手中的物品。

在这里，我不仅看到了美丽的自然景观，还看到了各种不同种类的动物。有活泼可爱的猴子在树上嬉戏玩耍，有憨厚老实的大象在泥潭中打滚，还有威风凛凛的狮子在草地上巡视领地。这是一个充满生命力和多样性的世界，我为自己能成为其中的一员而感到无比自豪。

6.3.2 孔子评四书五经

文心一言对于我们更深入地理解中国传统文化具有重要意义。对于教育工作者和学生来说，它提供了一个有力的工具，可以更好地理解和教授四书五经等经典著作的内容。通过文心一言所呈现的孔子的解读和评价，教育工作者能够更深入地挖掘这些经典中的教育意义，使教学更加生动和深入。同时，学生也能够更直观地领略古代儒家思想的精髓和价值，从而加深对传统文化的认知和理解。便捷地获取孔子对这些经典著作的独到见解，无疑为我们打开了一扇通往传统文化宝库的大门。

案例实战

：你是孔子，你穿越到现代，看到现在很多人不再读四书五经，请以孔子的语调发表感慨。

：吾乃孔子，自远古穿越时光，降临于现世。环顾四周，不禁黯然神伤。昔日四书五经，乃华夏文明之瑰宝，今日却鲜有人问津。吾观此状，不胜唏嘘。

夫四书五经，乃先贤智慧之结晶，蕴含深厚之哲理。读之，可修身齐家治国平天下。然今日之世风日下，人心不古，轻视传统文化，忽略圣贤教诲。吾思之，此乃大谬也。

吾闻今日之人，多以科技为尊，以物质为尚。然则，科技虽进步，人心却空虚。物质虽丰富，精神却贫乏。吾以为，此乃舍本逐末也。四书五经虽古老，却蕴含无穷之智慧。读之，可充实心灵，提升境界。

吾望今日之人，能重拾传统文化，研读四书五经。如此，则华夏文明可兴也。吾虽已逝千年，但愿吾之教诲能永传于世。愿世人皆能明理通达，修身齐家治国平天下。

6.3.3　牛顿被苹果砸中

文心一言采用第一人称的方式来回答问题，这一设计使用户能够更深入地沉浸在牛顿这一历史人物的视角中，从而更真切地理解他的感受与反应。这样的体验方式不仅让用户获得了直观且具沉浸感的历史人物情感体验，还帮助他们更深刻地洞悉了这位伟大科学家的思考过程。

案例实战

> 🙎：你是牛顿，当苹果砸你头上的时候，你的第一反应是什么？用牛顿的第一人称回答。
>
> 🤖：当那个苹果砸到我的头上时，我的第一反应是惊讶和好奇。我立刻停下了手中的工作，思考着这个突如其来的事件。作为一位科学家，我对自然界的奥秘充满了好奇心，因此我决定仔细研究这个现象，看看能否从中发现什么新的自然规律。

6.3.4　鲁迅评网络热词

接下来，我们将深入探索一种颇具特色的文化现象——网络热词，并试图借用文学巨擘鲁迅的独特文风对其进行一番品评。这些网络热词，作为我们这个时代的独特产物，如同一面镜子，映射出人们的思想观念、情感表达以及社会百态。而通过鲁迅那犀利而深刻的笔触来审视这些词汇，我们不仅能够更加深入地挖掘出网络热词所蕴含的丰富文化内涵，还能从一个全新的角度去感受和理解鲁迅的思想深度和文学魅力。这样的尝试，无疑将为我们带来一场别开生面的文化盛宴。

案例实战

> 🙎：你是鲁迅，你穿越到现代，第一次听到凡尔赛这个词时，你怎么评价这个词。
>
> 🤖：我虽为鲁迅，但身处这异世，所闻所见亦不乏新奇。这"凡尔赛"一词，初闻之下，不觉哑然。何以故？盖因此词所包含之意味，与我昔日所熟悉之语境大相径庭也。
>
> 在我看来，"凡尔赛"似有炫耀、夸大之意，颇带些讽刺与戏谑。此词之流传，亦反映了时下人们对于物质追求与虚荣心态的某种不满与调侃。然而，我亦认为，此词之流行，亦说明了人们对于生活之多样性与丰富性的需求与向往。
>
> 故而我对于"凡尔赛"一词，并无太多贬义之感。只是希望人们在使用此词时，能有所节制，不至于沉溺于物质与虚荣之中无法自拔。更希望人们能以平和、理性之心态看待生活之多样性与丰富性，追求真正有意义的人生价值。

6.3.5　李白替我写封信

通过深入探究文心一言的创作理念与技巧，我们得以借鉴并融合李白的诗歌风格，从而借助文心一言的力量，撰写出一封满溢诗意与情感的信件。在书写的过程中，我们沉浸于李白诗歌的韵律之美、意象之美以及情感之美，将这些元素精妙地运用于信件的字里行间。如此，不仅加大了信件的表达力度，更赋予了其独特的审美价值，使这封信件成为一次心灵的深刻交流与美的享受。

案例实战

> 🧑：你是李白，可以帮我写一封充满思念之情的信吗？
>
> 🤖：好的，我将扮演李白并以他的诗意风格来为你写一封充满思念之情的信。
>
> 亲爱的友人，
>
> 月白风清，笔走龙蛇，我在此，以诗意的笔触，书写对你的深深思念。
>
> 自你离去，如春水东流，我每日望穿秋水，思君弦断。曾记否，我们醉卧沙场，笑看风云，那豪情壮志，那知己之约，皆化为此刻我心中的无尽思念。
>
> 你的笑容，如春之花盛开，你的眼眸，如秋之月皎洁。每一次回忆，如同酒入愁肠，醉了我相思的心。我在每一个日出日落，每一阵风来雨去，都寻找你的踪迹，期盼你的归来。
>
> 我知道，无论距离有多远，无论时间有多长，我们的友情如同那长江之水，滚滚东流，永无休止。我希望你知道，无论你在哪里，我都会在这里等你，直到海枯石烂。
>
> 此刻的我，如同那孤独的雁，盼望归群。我深深思念你，思念我们共度的每一个瞬间。我希望这封信能带给你一些温暖，一些安慰。记住，无论何时何地，你都有我这一个朋友，在远方默默为你祝福。
>
> 思念无尽，如繁星点点。我愿将这份深深的思念化作流星划过天际的光芒为你送去我最真挚的祝福。期待你的回信，你的消息是我最大的期盼。
>
> 此敬

6.4 情感交流：你的情感咨询师上线啦

情感交流作为人类生活中至关重要的组成部分，深刻影响着个体的内心世界、人际关系乃至整体的幸福感。随着科技的不断发展，我们得以运用更多创新的方式来探索和表达情感。本节将详细介绍4位"情感咨询师"，它们分别是亲密情感规划、生活情感规划、情绪补给站以及夸夸爱的TA。这4个功能相互补充，共同为用户打造一个全面而深入的情感支持平台，帮助其在生活的各个方面获得更多情感满足和成长。

6.4.1 亲密情感规划

文心一言在助力我们更好地理解和应对亲密关系中的情感问题方面发挥着重要作用，它能够有效提升我们的情感表达和沟通能力。在亲密关系中，沟通和表达的技巧是维系双方关系的坚实基石。通过文心一言的亲密情感规划功能，我们可以学习到更为贴切、精准且有深度的表达方式，从而加深彼此之间的理解与信任。

用户在进行亲密情感规划时，可遵循以下步骤。

01　在输入框内输入自己和伴侣的基本信息，如姓名、年龄、性别等，随后文心一言会进行个性化的分析，为你们量身定制情感规划方案。

02　选择你们希望深入了解的情感问题类型，这些类型可能包括沟通技巧、冲突解决策略，以及情感表达方式等。

03　文心一言将根据你们的选择，提供相应的分析和建议。用户可以通过多种方式获取这些信息，如阅读文字资料、听取语音播报或参与互动问答等，以便更全面地了解自己和伴侣的情感需求和期望。

04　结合文心一言的专业建议和指导，制订切实可行的行动计划。这些计划旨在改善和优化你们在亲密关系中的情感表达和沟通方式，从而推动关系的持续发展。

案例实战

👤：我女朋友的父母不太喜欢我，有什么办法让他们逐渐接受我吗？

🅰：让女朋友的父母逐渐接受你可能需要一些时间和努力，但以下是一些建议，希望能帮助你改善你与他们的关系。

1. 尊重和倾听：与女朋友的父母交流时，展示对他们的尊重和关心。积极倾听他们的意见和想法，并展示出你真正关心他们的女儿。

2. 诚实和坦率：与他们交流时保持诚实和坦率。避免夸大或隐藏事实，展示你的真实个性和价值观。

3. 展示你的价值：通过行动展示你的价值和对他们女儿的关心。例如，你可以主动帮助他们做家务、修理东西或参与家庭聚会等。

4. 建立共同兴趣：寻找与女朋友父母共同的兴趣爱好，并积极参与其中。这将有助于建立更亲密的关系和加深对彼此的了解。

5. 与他们保持互动：定期与他们保持联系，通过电话、短信或社交媒体等方式向他们问候和分享生活中的点滴，这将有助于建立更紧密的关系。

6. 尊重他们的决定：尽管你可能希望他们能够更快地接受你，但要尊重他们的决定。给他们足够的时间来逐渐了解你并建立信任。

7. 与女朋友保持沟通：与女朋友保持坦诚的沟通，让她了解你的努力和进展。她可以成为你与他们之间沟通的桥梁，帮助你更好地了解他们的想法和感受。

最重要的是保持耐心和积极的心态。与他们建立良好的关系需要时间和努力，但只要你真诚地努力，他们最终会逐渐接受你的。

6.4.2　生活情感规划

面对生活中的种种情感挑战，如工作压力、家庭矛盾等，利用文心一言进行生活情感规划，学习更加有效、健康的应对方式，能够帮助我们清晰地认识自己的情感需求、价值观和期望。通过这样的规划，我们可以提高自己的情感韧性和适应能力，制订出更加合理、科学的情感规划。以下是使用文心一言进行生活情感规划时的注意事项。

- 在使用前需明确自己的目标和期望，清晰地界定自己想要在哪些方面改善或提升。
- 为了获得更精准的建议，需要提供尽可能详细的背景信息，涵盖个人情况、当前的情感状况、近期的生活事件等信息。
- 在收到建议时，需要谨慎筛选，结合自身的实际情况和需求进行判断和选择。

案例实战

> ：和朋友发生口角，我是过错方，有什么办法能让她原谅我吗？

> ：当你是过错方，让朋友原谅你可能需要一些真诚的道歉和补偿。以下是一些建议，希望能帮助你重建与朋友的良好关系。
>
> 1.冷静下来：在吵架之后，确保给彼此一些时间冷静下来。情绪激动时，我们往往会做出冲动的决定或说出伤人的话。等待一段时间，让双方都能平静下来，这样有助于更好地解决问题。
>
> 2.承认错误：当你冷静下来后，承认自己的错误是重要的一步。诚实地面对自己的错误，并意识到你对朋友造成的伤害，这有助于展示你的成熟和诚意。
>
> 3.真诚道歉：选择一个合适的时间和地点，与朋友面对面或通过电话进行真诚的道歉。表达你对她的感受和对你所做的事情的后悔之情。确保你的道歉是真诚的，而不是出于想要摆脱困境的目的。
>
> 4.倾听和理解：在道歉之后，给予朋友机会来表达她的感受和想法。认真倾听她的意见，并展示出你真正关心她的感受。通过理解她的立场，你可以更好地了解她的需求和期望。
>
> 5.补偿和改变：除了道歉，提供一些补偿也是必要的。思考一些实际的行动来表明你对友谊的重视和你想要改变的决心。这可能包括主动提供帮助、计划一些特别的活动或展示你对她的关心和支持。
>
> 6.给予时间：有时候，即使你做出了真诚的道歉和补偿，朋友可能需要一些时间来处理她的情绪并重新建立信任。尊重她的决定，并给予她足够的时间来接受你的道歉和重新建立友谊。
>
> 7.保持积极沟通：在努力重建友谊的过程中，保持积极的沟通是非常重要的。定期与朋友保持联系，分享彼此的生活和兴趣，并寻找共同的话题和活动来加深感情。
>
> 最重要的是要真诚地努力修复友谊，并展示出你对友情的重视和愿意，以及为之付出

努力的态度。

6.4.3　情绪补给站

在繁忙和高压的现代生活中，人们常常面临各种情绪挑战，如焦虑、沮丧或不安等，这些负面情绪会严重影响工作、学习和生活的效率。而文心一言能够助你更深入地了解自身的情绪状态、触发因素及其影响，为你提供专业的指导和帮助，帮你制订更加合理、科学的情绪管理策略，从而有效应对生活中的种种情绪挑战。

案例实战

🙂：我最近刚刚经历失恋，心情很不好，请你安慰我，并针对我的情况提供一些建议，帮助我尽快走出困境。

🎯：失恋是一种很痛苦的经历，让人感到沮丧、失望和心痛。但是，请相信时间会让伤口慢慢愈合，你会重新找回自己的幸福。以下是一些建议，希望能帮助你尽快走出失恋的阴影。

1. 允许自己感受情绪：失恋后，你可能会感到伤心、愤怒、失落等负面情绪。不要试图压抑这些情绪，而是允许自己感受它们，并通过健康的方式表达出来，如与朋友倾诉、写日记或参加情绪释放的活动。

2. 寻求支持：与亲密的朋友、家人或信任的人分享你的感受。他们可以给予你理解、支持和安慰，帮助你渡过难关。同时，也可以考虑咨询心理专家，他们可以提供更具体的建议和指导。

3. 建立积极的生活习惯：保持规律的作息时间，健康的饮食和运动习惯，以及参与一些你感兴趣的活动。这些积极的生活习惯可以帮助你改善心情并提升自尊心，逐渐重建自信。

4. 关注自我成长：将失恋作为一个机会，关注自己的个人成长和发展。投入时间和精力去追求自己的梦想、学习新的技能或参与有意义的项目。通过关注自我成长，你可以重新找回自己的价值和目标。

5. 给自己时间：失恋需要时间来疗愈。不要急于强迫自己忘记过去，而是给自己足够的时间来适应和处理情绪。每个人的恢复速度不同，所以要尊重自己的感受，并耐心等待伤口慢慢愈合。

6. 保持积极的心态：尽量保持积极的心态，相信自己会度过这个困难时期。提醒自己，失恋只是生活中的一段经历，而不是你的全部。相信未来会有更好的人和机会出现在你的生活中。

请记住，这些建议只是一些指导性的思路，每个人的情况和需要都是独特的。如果你觉得自己无法独自应对失恋的情绪，或者情况持续恶化，请及时寻求专业帮助。

6.4.4　夸夸爱的TA

在生活的忙碌与琐碎之中，我们有时可能会疏忽对身边人的感激与喜爱之情的表达。然而，无论是对于伴侣、家人、朋友还是同事，适时地赞美与夸奖都是增进感情、加深了解的绝佳方式。通过文心一言，你可以轻松输入想要赞美的对象的名称或称呼，以及你希望赞美的具体内容或场景。例如，"我想赞美我的伴侣，在最近的一次旅行中，他/她无微不至的照顾让我倍感温暖。"文心一言将为你生成一段充满赞美之情的话语，助你更好地传达对他人的欣赏与爱意，从而巩固彼此间的情感纽带。

案例实战

> ：我想要赞美我的母亲，她在生活中耐心地照顾我，让我感受到无私的母爱。

> ：好的，按照你的要求，我为你生成了一段赞美的话语。
>
> "亲爱的妈妈，我想借此机会向你表达我对你深深的感激和赞美。你总是以无比的耐心和细心照顾着我，让我在生活中感受到无私的母爱。你的付出和牺牲，让我学会了珍惜和感恩。你的温暖和支持，让我在面对困难时有了勇气和力量。你是我生命中最重要的人，我永远爱你。"
>
> 你可以将这段话直接发送给你的母亲，表达你对她的感激和赞美。当然，你也可以根据你的感受和想法进行修改和调整。希望你的母亲能感受到你的真挚情感，也希望你们之间的关系更加紧密和融洽。

第 7 章

文心一言：插件为你花式提效

在当今数字化时代，无论是工作还是学习，我们都需要处理海量的文档、图像和视觉信息。为了提高处理效率，人们一直在探索各种工具和插件以辅助我们更好地应对这些信息。本章将重点介绍文心一言插件的三大功能：阅览文档、E 言易图以及说图解画。这三个功能将为你带来全新的提效体验，助你轻松应对各类信息处理任务。

7.1 · 阅览文档：与文档"对话"

文档是获取信息、传递知识、交流想法的重要媒介。然而，面对浩如烟海的文档资源，如何高效、准确地获取所需信息成为一个亟待解决的问题。文心一言的阅览文档插件应运而生，为解决这一难题提供了有力支持。该插件通过文本摘要、内容总结和文本提问等强大功能，实现了与文档的"对话"式交互，使用户能够更加直观、全面地了解文档内容，从而高效、准确地获取所需信息。

7.1.1 文本摘要

随着数字化时代的到来，文档在我们日常工作和生活中的重要性日益凸显。然而，面对海量的文档信息，如何快速、准确地获取所需内容成为一个亟待解决的问题。文本摘要技术的出现为我们提供了一种有效的解决方案：通过快速浏览并摘要文档，读者可以迅速掌握文档的核心内容和结构，从而大幅节省阅读时间，提升阅读效率。以下是使用"览卷文档"插件进行文本摘要的详细步骤。

01 进入文心一言主界面，选择"览卷文档"插件。①单击"选择插件"按钮打开插件列表；②选定"览卷文档"插件；③单击"上传文档"按钮，如图7-1所示。

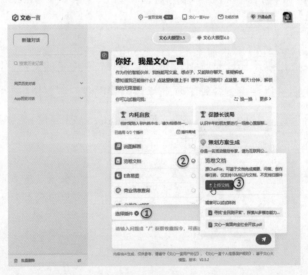

图 7-1

02 上传文档。①在弹出的对话框中找到并选择"人工智能"文档；②单击"打开"按钮上传文档，如图7-2所示。

03 预览结果。

> 上传文档后会自动生成摘要内容。以下是该文档的关键内容：人工智能在各个领域的应用正在改变我们的世界。从医疗保健到金融服务，从自动驾驶到智能家居，人工智能的发展正在推动着行业的进步。然而，人工智能也面临着数据隐私、算法偏见等挑战。

未来，随着技术的不断进步和创新，人工智能将在更多领域发挥重要作用，为人类社会带来更多利益和福祉。我们需要关注并解决人工智能发展过程中出现的挑战和问题，通过科学研究和政策制定，确保人工智能为人类社会带来更多利益和福祉。

图 7-2

7.1.2　对文档进行内容总结

通过使用文心一言的"览卷文档"插件，成功地对一篇关于人工智能的文档进行了内容总结。经过插件的智能分析，该文档的核心内容被精准提炼，主要涵盖了人工智能的定义、发展历程、应用领域，以及当前所面临的挑战和未来发展前景。览卷插件的出色整理能力使文档结构更加清晰，重点一目了然，极大地方便了读者快速把握文章的核心要点。

接下来，将详细介绍使用"览卷文档"插件对文档内容进行总结的具体步骤，以供大家参考。

01 上传文档后发出指令为"对人工智能这个文档的内容进行总结"，如图 7-3所示。

图 7-3

02 预览结果。

> 🤖: 人工智能是科技飞速发展的产物，它已经渗透到各个领域，正在改变我们的世界。从智能手机到自动驾驶汽车，从医疗诊断到金融投资，人工智能的应用已经无处不在。随着深度学习、神经网络等技术的突破，人工智能在语音识别、图像识别、自然语言处理等领域取得了显著的进步。在医疗保健、金融服务、自动驾驶、智能家居等领域，人工智能都发挥着重要作用。然而，人工智能也面临着数据隐私和安全、算法偏见和歧视等挑战。未来，随着技术的不断进步和创新，人工智能将在更多领域发挥重要作用，为人类社会带来更多利益和福祉。

7.1.3 对文本提问

"览卷文档"插件提供了对特定文本进行提问的功能。借助这一功能，文心一言能够自动识别和提炼文档中的关键问题，从而帮助用户发掘可能被忽略的深层信息，更全面、深入地理解文本内容。此外，通过提问的方式，览卷文档还能引导用户对文档内容进行更深入的思考和分析，有效提升用户的思考能力和逻辑分析能力。

以下是使用"览卷文档"插件对文本进行提问的具体步骤。

01 上传文档后发出指令为"人工智能的劣势有哪些"，如图 7-4所示。

图 7-4

02 预览结果。

> 🤖: 人工智能的劣势主要包括以下几个方面。
>
> 1.数据隐私和安全问题：人工智能需要大量的数据来训练模型，但数据的收集和使用可能涉及隐私和安全问题。如果数据泄露或被滥用，会对个人和组织造成损害。
>
> 2.算法偏见和歧视问题：人工智能算法是基于历史数据和预设规则进行决策的，如果这些数据或规则存在偏见或歧视，那么人工智能的决策也会存在偏见和歧视。
>
> 3.人工智能技术的可解释性：许多人工智能模型和算法的决策过程是"黑箱"的，即无法解释其决策背后的原因。这使人们难以理解人工智能的决策过程，也增加了其应用

的风险。

4.对人类劳动力的影响：人工智能的发展可能导致一些传统职业的消失，同时也会创造新的职业。但在这个过程中，可能会出现一些结构性失业问题。

5.法规和政策问题：随着人工智能技术的广泛应用，如何制定合理的法规和政策来规范其发展也是一个重要议题。目前，许多国家和组织都在积极探索如何制定相关法规和政策来应对人工智能带来的挑战。

总之，人工智能的发展带来了许多优势，但也存在一些劣势。在推动人工智能发展的同时，也需要关注并解决其带来的挑战和问题。

7.2 · E 言易图

本节将深入探讨"E言易图"插件在绘制思维导图、雷达图和散点图方面的实践应用。凭借其强大的可视化功能，"E言易图"插件能够将庞杂的数据和信息转化为清晰、直观的图形，帮助用户更好地分析数据并呈现其内在逻辑。通过这些可视化图形，用户可以更直观地洞察数据的结构、相互关系以及发展趋势，从而有效降低数据的理解难度，并显著提升基于数据的决策能力。

7.2.1　思维导图

"E言易图"插件以其直观的操作界面和强大的功能，使用户能够轻松将繁杂的信息、观点和架构转化为清晰、有条理的思维导图。在绘制过程中，用户能便捷地添加、编辑及重新组织节点，并可以为每个节点设定特定的颜色和大小，从而凸显其重要性和层次关系。思维导图以直观的方式揭示信息的层次与逻辑关系，有助于用户更深入地理解信息的组织结构，进而增强信息的可理解性和可记忆性。以下是使用"E言易图"插件生成思维导图的具体步骤。

01 ①单击"已选插件"按钮，②选择"E言易图"插件，如图 7-5所示。

图 7-5

02 选定插件后发出指令为"请用思维导图展示服装运营",如图 7-6所示。

图 7-6

03 预览结果,如图 7-7所示。

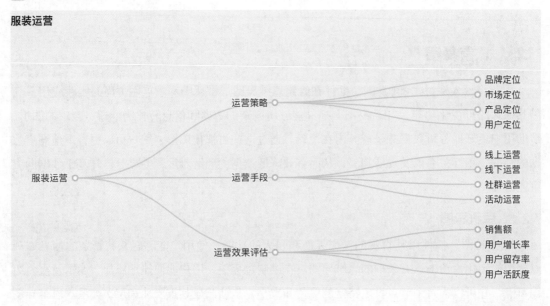

图 7-7

> ◎: 我(文心一言)是百度开发的人工智能模型,通过分析大量公开文本信息进行学习。然而,我所提供的信息可能存在误差。因此上文内容仅供参考,并不应被视为专业建议。

7.2.2 雷达图

雷达图,又称蜘蛛网图,是一种有效的图形表达方式,能够同时展示多个定量数据变量。借助雷达图,数据的分布和变化得以直观呈现,多个维度的数据以图形化方式展现,从而帮助用户迅速识别数据的模式和趋势,加深对数据的全面理解和把握。以下是使用"E言易图"插件生成雷达图的具体步骤。

01 选定插件发出指令为"请用雷达图展示CBA球员的数据",如图 7-8所示。

02 预览结果,如图 7-9和表 7-1所示。

图 7-8

CBA 球员的数据

● 得分　● 篮板　● 助攻

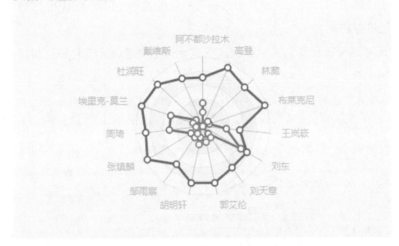

图 7-9

表 7-1

球员	得分	篮板	助攻
阿不都沙拉木	21	10	6
戴维斯	15	0	0
杜润旺	27	4	0
埃里克-莫兰	19	10	3
周琦	17	10	2
张镇麟	19	4	0
邹雨宸	6.7	2	1.3

续表

球员	得分	篮板	助攻
胡明轩	25	5	8
郭艾伦	25	6	7
刘天意	22	4	6
刘东	15	13	0
王岚嵚	11	7	0
布莱克尼	48	5	0
林葳	25	3	0
高登	36.7	0	0

7.2.3 散点图

散点图作为一种经典的数据可视化工具，能够直观地展现数据之间的关联性。通过观察点的分布和聚集情况，用户可以轻易地辨识出变量之间是否存在正相关、负相关或无关联，进而为更深入的数据分析奠定坚实基础。"E言易图"插件作为一款高效且简洁的绘图工具，能够帮助用户迅速生成散点图，极大地提升了数据可视化的效率。以下是使用"E言易图"插件生成散点图的详细步骤。

01 准备好需要可视化的数据。通常，散点图需要两个变量作为坐标轴，因此确保数据中有两个合适的变量。

02 选择"E言易图"插件，发出指令为"请按照下面要求给我生成散点图：招生情况：以年份和录取率为坐标轴，散点代表每个年份的录取率。假设数据对象：一个包含热门学校和普通学校的散点，以及一个包含本科和研究生阶段的散点。"如图7-10所示。

图 7-10

03 根据需求，对散点图进行自定义设置。可以要求生成不同的颜色、大小、形状等来表示不同的数据点，并添加标题、轴标签和图例等元素。

04 预览结果，并导出为常见的图像格式（如PNG、JPG等），如图 7-11 和表 7-2 所示。

招生情况

● 学校类型　● 教育阶段

图 7-11

表 7-2

年份	学校类型	教育阶段
2021	54.5	98.51
2022	74.41	97.14

7.3 · 说图解画：让文心一言理解图片

本节将探讨文心一言的"说图解画"插件在多个领域的应用，包括风景、建筑、动漫图片的识别，用诗句描绘图片，朋友圈文案的创作，以及为产品提供创意命名等。作为一种先进的图像识别与描述工具，"说图解画"插件能够为用户带来丰富多样的视觉体验与语言表达，满足用户在不同场景下的需求。

7.3.1　识风景

"说图解画"插件通过将风景图像转化为优美的文字描述，用户可以拓宽自己的思维视野，发现更多的灵感和创意，为艺术创作和文学创作提供源源不断的动力。同时，用户也可以更加准确地把握和运用语言，以更富有表现力的方式传达自己的感受和见解。以下是使用"说图解画"插件识别风景图像并转化为文字描述的具体步骤。

01 选择"说图解画"插件。①单击"选择插件"按钮，打开插件列表，②选择"说图解画"插件，③单击"上传图片"按钮，如图 7-12 所示。

图 7-12

02 在弹出对话框找到并选择"第7章图片"文件夹中的"风景.jpg"文件，单击"打开"按钮上传图片，如图 7-13所示。

图 7-13

03 预览结果。

以下是我对图片的理解：

图中展现的是一幅壮美的风景画卷，高大的山脉在余晖的映照下更显得巍峨壮观。太阳在山后面缓缓落下，将天边的云彩染成了橙红色，整个天空仿佛被点燃了一般，充满了诗意和浪漫。

山脉的轮廓在余晖的勾勒下清晰可见，层层叠叠的山峦错落有致，形成了一幅美丽的天际线。山的颜色也在夕阳的照耀下变得更加丰富多彩，深绿、浅绿、金黄、橙红交织在一起，构成了一幅斑斓的画卷。

山脉下面是一片广袤的草地，绿意盎然，充满了生机。在余晖的照耀下，草地的颜色也变得金黄一片，与山脉的颜色交相辉映，构成了一幅和谐的画面。

整个场景充满了宁静与壮美，仿佛是大自然特意为人们创造的一幅美丽画卷，让人感受到大自然的伟大与奇妙。在这片大自然的怀抱中，人类显得如此渺小，也让我们更加珍惜和敬畏大自然的力量。

通过这张图片，我们可以感受到大自然的魅力和力量，也可以激发我们对自然的热爱和探索的欲望。让我们用心去欣赏大自然的美丽，用心去感受大自然的恩赐，让我们的生活更加丰富多彩。

可以参考下面的提问方式：

示例1.请根据图片内容，写一首李白风格的七言绝句。

示例2.根据图片信息，写一篇100字左右的朋友圈配文。

示例3.根据图片描述的信息写一篇小红书文案。

7.3.2　识建筑

"说图解画"插件可以显著提升用户对建筑图像的理解和分析能力。通过精确识别图像中的建筑结构、风格和设计元素等关键特征，该插件为用户提供了一种新颖且深入的解读方式，使用户能更加敏锐地领略建筑的魅力和特色。这有助于加深人们对建筑艺术的了解和欣赏。借助对建筑图像的深度解读和生动描述，用户能够更深刻地认识到建筑的独特魅力和文化内涵。以下是使用"说图解画"插件识别建筑图像的具体步骤。

01　单击"已选插件"按钮，选择"说图解画"插件并上传图片。

02　在弹出对话框中选择"第7章图片"文件夹中"建筑.jpg"文件，单击"打开"按钮上传图片，如图7-14所示。

图 7-14

03　上传图片后"说图解画"插件会自动生成对图片的回复，此时需要发出指令为"识别上面这张图片的建筑"，如图7-15所示。

图 7-15

04 预览结果。

> 上图中的建筑为巴黎圣母院大教堂。
>
> 巴黎圣母院大教堂位于法国巴黎市中心，是法国著名的地标性建筑之一，以其优美的建筑线条和精致的雕刻而闻名于世。它是一座哥特式建筑，建于1163年至1345年间，是欧洲古老的哥特式教堂之一。
>
> 在法国历史上，巴黎圣母院大教堂具有重要的地位，曾经历过多次重建和修缮。其中最著名的一次是在18世纪末和19世纪初的拿破仑时代，当时教堂进行了大规模的重建和装饰，使其成为巴黎最宏伟的建筑。
>
> 除了其历史和文化价值，巴黎圣母院大教堂还因其独特的建筑风格和美学价值而备受游客和艺术家们的喜爱。在教堂内部，可以看到精美的石雕、彩绘玻璃和华丽的装饰，这些元素共同构成了巴黎圣母院大教堂独特的建筑风格和艺术魅力。
>
> 此外，巴黎圣母院大教堂也是法国文化的重要象征之一，被列为国家历史文物和世界文化遗产。每年都有数以百万计的游客来到这里参观和朝圣，感受其独特的氛围和文化魅力。

7.3.3 识动漫

说图解画功能不仅能精准识别动漫中的角色和场景，还能深度解析动漫所蕴含的主题、情感和象征意义。通过识别和解析来自不同国家和地区的动漫作品，用户能更加深入地领略其他文化的价值观和审美取向，从而有助于增进对不同文化的理解和尊重。以下是使用"说图解画"插件识别动漫的具体步骤。

01 单击"已选插件"按钮，选择"说图解画"插件并上传图片。

02 在弹出对话框中选择"第7章图片"文件夹中"动漫.jpg"文件，单击"打开"按钮上传图片，如图 7-16所示。

图 7-16

03　发出指令"识别上面这张图的动漫角色还有动漫名字，这部动漫的大概剧情。"如图 7-17
所示。

图 7-17

04　预览结果。

> 根据图片信息，这张图的动漫角色包括哆啦A梦、大雄、静香、胖虎和小夫。这部动漫
> 是《哆啦A梦》，它是日本的一部经典的漫画和动画作品。
>
> 《哆啦A梦》的故事主要围绕着主人公大雄、他的机器人哆啦A梦，以及他的好朋友静
> 香、胖虎和小夫展开。哆啦A梦从未来世界来到大雄身边，用各种神奇的道具帮助大雄
> 解决各种难题，度过生活中的困境。
>
> 故事中有很多经典的场景和情节，如大雄为了考试而烦恼，哆啦A梦给他吃了记忆面
> 包；或者大雄被胖虎欺负，哆啦A梦用各种神奇的道具帮助他反击。同时，《哆啦A梦》
> 也充满了友情、亲情和成长的元素，展现出人与人之间的情感纽带和人生的意义。

　　总的来说，《哆啦A梦》是一部充满趣味和感动的动漫作品，深受全球观众的喜爱。

7.3.4　用诗句描述图片

　　"说图解画"为用户提供了一种新颖且富有创意的信息解读和表达方式，拓宽了用户的思维视野并激发了新的应用场景。通过对不同文化背景下的图片进行诗意解读，该插件为艺术创作和表达注入了新的活力，为文化传承和跨文化交流搭建了桥梁。以下是使用"说图解画"插件以诗句形式描绘图片的具体步骤。

01　单击"已选插件"按钮，选择"说图解画"插件并上传图片。

02　在弹出的对话框中选择"第7章图片"文件夹中的"雪景.png"文件，单击"打开"按钮上传图片，如图7-18所示。

图 7-18

03　上传图片后发出指令"用诗句描绘上面那张图片"，如图7-19所示。

图 7-19

04　预览结果。

　　◎：雨打古檐声声慢，
　　　　小船摇曳映画廊。

伞影叠叠映碧水，

古风画卷醉心房。

7.3.5　朋友圈文案

使用"说图解画"插件撰写朋友圈文案，不仅能提升文案的质量和吸引力，还能在识别图片关键元素和主题的基础上，生成富有创意和表达力的文字描述，助你更精准地传达个人感受和意图。此外，该插件还能有效节省你构思和撰写文案的时间，提升生活效率，激发创新思维。以下是利用"说图解画"插件生成朋友圈文案的具体步骤。

01　单击"已选插件"按钮，选择"说图解画"插件并上传图片。

02　在弹出的对话框中选择"第7章图片"文件夹中的"朋友圈.jpg"文件，单击"打开"上传图片，如图 7-20 所示。

图 7-20

03　发出指令为"我想用这张图发朋友，可以为我想一个朋友圈文案吗"，如图 7-21 所示。

图 7-21

04　预览结果。

🤖：以下是一个朋友圈文案供你参考：

"在岁月的流转中，有些美好依然如初。看，这棵开满白色花朵的树，仿佛是时光的见证者，它静静地站在那里，诉说着过去的故事。而那座破旧的房子，更像是一段古老的传说，告诉我们历史与文化的不朽。在这个快节奏的时代，让我们放慢脚步，欣赏这些容易被忽视的美好，感受大自然的魅力和历史的厚重。"

希望这个朋友圈文案能给你提供一些灵感。祝你和朋友分享愉快！

7.3.6 产品创意起名

使用"说图解画"插件为产品创意起名，可助用户发掘产品的新用途和市场定位，深入剖析产品的核心特质与理念，并据此生成别具一格、富有表达力的名称建议，使产品的独特魅力和价值得以精准传达。凭借这些创意名称，产品有望在市场中崭露头角，吸引更多目光，进而提升品牌的竞争力和影响力。该插件还能探索与产品相关的多元主题与概念，为产品的创新和宣传提供有力支撑。以下是运用"说图解画"插件为产品进行创意命名的具体步骤。

01 单击"已选插件"按钮，选择"说图解画"插件并上传图片。

02 在弹出的对话框中选择"第7章图片"文件夹中的"产品.jpg"文件，单击"打开"按钮上传图片，如图7-22所示。

图 7-22

03 发出指令"给上面这个图片产品创意起名"，如图7-23所示。

图 7-23

04 预览结果。

🔆：根据你提供的产品图片信息，这个台灯产品可以起名为"调节式圆灯"。

这个名称简洁明了，准确地描述了产品的特点和功能。"调节式"突出了底座上的可调节杆子，让用户可以自由调节灯罩的方向，满足不同的照明需求。"圆灯"则直接描述了灯罩的形状，易于记忆和识别。

同时，"调节式圆灯"这个名称简洁易记，具有很好的口头传播性，有助于提高产品的知名度和影响力。

第 8 章

相关产品介绍：满足你的多重需求

在当今数字化时代，人们对于工具的需求日趋多样化。为满足这些需求，市场上涌现出众多相关产品。其中，文心一言 App 和文心一格备受瞩目，它们以各自独特的功能和优势，赢得了众多用户的青睐。本章将详细介绍这两款产品的特点，旨在满足用户的多元需求。

8.1・ 文心一言 App：装进口袋里的百宝箱

　　文心一言App极大地便利了我们的生活。这款App不仅具备多样的对话功能，还拥有特色鲜明的社区和发现板块，使我们在体验科技便捷的同时，也能享受到人与人之间真挚的情感交流。本节将全面介绍文心一言App的这三大功能，充分展示其高度的实用性和强烈的吸引力。

8.1.1　对话

　　文心一言App的对话功能采用了先进的自然语言处理技术，能够根据用户的输入及上下文，智能地回复并推荐相关内容。这种智能化的回复和推荐机制可以为用户提供更加精准和个性化的沟通体验，进而提升沟通的质量和效率。

　　打开文心一言App，首先映入眼帘的便是对话界面，如图8-1所示。

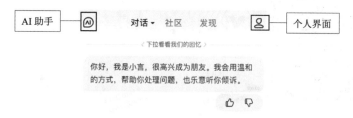

图 8-1

　　·　个人界面：发布作品与点赞记录，如图 8-2所示。

图 8-2

- 图片选择：可选择拍照或本地图片，然后AI助手可结合图片内容与指令回答问题。

案例实战

01 选择AI助手为"小言"，在此可查看App和网页的历史记录，如图8-3所示。

02 点击"提示词工具"选择"大学专业建议"选项，输入指令"内向容易害羞，聪明，对电脑感兴趣。"如图8-4所示。

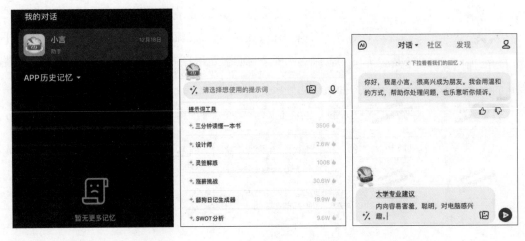

图 8-3   图 8-4

03 预览回答。

  🔘：首先，感谢你提供你的性格信息。基于你内向、聪明且对电脑感兴趣的特点，以下是一些建议的专业领域，它们在某种程度上与你的性格特点和兴趣相契合。

计算机科学：这是一个与计算机直接相关的专业，涵盖编程、算法、数据结构等多个方面。它非常适合聪明且对技术有热情的学生。

软件工程：专注于软件开发和设计的学科，强调团队合作和问题解决能力。尽管它需要一些与人交往的能力，但很多工作还是可以独立完成的。

网络安全：如果你对保护计算机系统和数据感兴趣，这个专业将非常适合你。它涉及预防、检测和应对网络攻击的策略和技术。

信息科技：涵盖信息系统、数据库管理和网络管理等领域的宽泛专业。它既有技术深度，也涉及一些与人相关的方面，如用户支持和培训。

数据分析与科学：利用计算机和编程技能来分析和解释大量数据。这是一个迅速发展的领域，非常适合具有分析能力的内向者。

人工智能：结合了计算机科学、数学和工程学的知识来创建智能机器和系统。如果你对新技术和创新感兴趣，这将是一个非常有前景的选择。

电子游戏设计：将你的计算机技能和创造力结合起来，设计和开发电子游戏。这个专业需要团队合作，但也给内向者提供了很多独立工作的机会。

网络开发与设计：专注于创建和维护网站和应用程序的专业。它结合了技术技能和创意元素，适合那些对美学和功能性都有追求的人。

请记住，选择专业不仅基于性格测试的结果，还要考虑你的长期兴趣、目标和天赋。如果可能，尝试参加一些相关课程学习或实习，以更深入地了解这些领域是否真正适合你。

8.1.2　社区

文心一言App的社区功能为用户打造了一个集互动、交流、学习与问题解决于一体的平台。它不仅有助于加深用户之间的了解与信任，还能拓宽用户的视野，丰富其知识面，同时提供个性化的内容推荐，从而增强用户的归属感和参与度。

图8-5展示了社区的主页面，这里汇聚了用户发表的AI对话日记。用户可以轻松点击感兴趣的话题，浏览其他用户与AI助手的对话内容，不仅可以与他人展开对话交流，还能从中学习如何向AI助手提出更有效的问题。具体的操作步骤如下。

01 点击"社区"进入社区界面，主页面是由用户发表的AI对话日记组成的，点击感兴趣的话题则会出现其他用户与AI助手的对话内容，如图 8-5所示。

02 点击话题。话题为"logo小设计"。通过话题可以与他人进行对话，还可以学习其他用户的示例向AI助手提问，如图 8-6所示。

03 点击"设计师"，与AI助手进行对话输入指令"小摆件鹿"，如图 8-7所示。

图 8-5

图 8-6

图 8-7

案例实战

👤：点击进入"三分钟读懂一本书"话题，与AI进行对话并输入"水浒传"。

💬：《水浒传》是中国四大名著之一，由施耐庵创作，成书于元末明初。全书描述了108位好汉在梁山泊集结起义，共同反抗腐败统治者的故事。这部作品以生动的情节和鲜明的人物塑造，展现了民间英雄主义的斗争精神和社会底层的反抗意识。

以下是《水浒传》的主要章节及简介。

洪太尉误走妖魔：讲述洪太尉在龙虎山误放走镇压的妖魔，为后续的梁山英雄出世埋下伏笔。

林冲误入白虎堂：描写林冲被高俅陷害，误入白虎堂，最终走投无路被逼上梁山的过程。

武松打虎：武松在景阳冈打死恶虎，显示了他的英勇与力量。

李逵沂岭杀四虎：李逵在沂岭为母报仇，连杀四虎，展现了他的孝顺和勇猛。

宋江三打祝家庄：宋江为救被捉的兄弟，三次攻打祝家庄，最终成功并壮大梁山势力。

大破连环马：描写梁山好汉如何智破呼延灼的连环马阵，显示了他们的智勇双全。

曾头市晁盖中箭：晁盖在攻打曾头市时中箭身亡，对梁山产生了深远的影响。

吴用智取玉麒麟：吴用用计将玉麒麟卢俊义逼上梁山，增强了梁山的实力。

宋江大破大名府：梁山好汉攻破大名府，救出了卢俊义和石秀，进一步展现了他们的英勇与智慧。

招安与征方腊：描述梁山好汉接受朝廷招安后，征讨方腊等叛乱。

8.1.3 发现

发现页面为用户打造了一个探索新奇、发掘有趣内容的平台。用户通过浏览此页面，可以轻松了解热门对话、最新对话以及各类对话内容，进而拓宽视野，获取更多的信息和知识。具体的操作步骤如下。

04 点击"发现"按钮进入发现界面。"发现"标题下方有"热门""会员""最新"等选项，可点击所需选项获取相关功能，如图8-8所示。

05 点击"行业研究方式"选项与AI助手进行对话，发出指令"计算机视觉"，如图8-9所示。

图 8-8

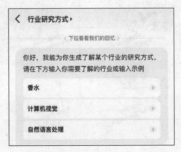

图 8-9

06　预览AI助手回答。

⊙：要了解计算机视觉领域的研究现状，可以采用以下几种方式。

阅读顶级会议和期刊的论文：参加计算机视觉领域的顶级会议，如CVRR（计算机视觉与模式识别会议）、ECCV（欧洲计算机视觉会议）和ICCV（国际计算机视觉会议），并阅读会议论文集。同时，关注顶级期刊如*IEEE Transactions on Pattern Analysis and Machine Intelligence* (TPAMI) 和 *International Journal of Computer Vision* (IJCV) 等，这些期刊和会议上发表的论文代表了该领域的最新研究成果。

关注知名研究者和研究机构：了解在计算机视觉领域具有影响力的研究者和研究机构，关注他们的研究成果、开源项目和博客。例如，Yann LeCun、Andrew Ng、吴恩达等人在计算机视觉领域有着重要贡献。

浏览arXiv等预印本平台：arXiv等平台上有大量关于计算机视觉的预印本论文，可以了解最新的研究进展和思想。

加入在线社区和论坛：参与计算机视觉相关的在线社区和论坛，如GitHub、Stack Overflow、Reddit的r/MachineLearning和r/ComputerVision等，与同行交流，了解实际问题和最新动态。

参加线上和线下课程：参加计算机视觉相关的线上和线下课程，如Coursera、Udacity等平台提供的课程，以及各大高校和研究机构开设的计算机视觉课程，以系统化地了解该领域的知识体系。

了解实际应用和产业界动态：关注计算机视觉技术在实际应用中的发展和产业界的动态，如自动驾驶、安防监控、医疗影像分析等领域的应用。

探索计算机视觉与其他领域的交叉研究：了解计算机视觉与其他领域（如自然语言处理、语音识别、强化学习等）的交叉研究，以拓宽视野，发掘新的研究方向。

通过以上方式，可以更全面地了解计算机视觉领域的研究现状，并为进一步的研究提供参考。

8.2·　文心一格：图片编辑实验室

文心一格作为百度旗下的一款AI作画产品，依托飞桨、文心大模型的强大技术支撑，为用户提供了丰富的图片创作工具及多元化功能，如自定义模型、人物动作识别再创作、海报设计以及艺术字制作等。它不仅能为画师、设计师等视觉内容创作者带来灵感启发，辅助其进行艺术创作，也能满足媒体、作者等文字内容创作者对高质量、高效率配图的需求。更重要的是，文心一格让每一个人都能展现自己的个性化格调，尽情享受创作的乐趣。

8.2.1　图片创作

　　文心一格是一款先进的图片编辑工具，接下来将详细介绍如何利用它进行专业的图片创作。通过深入探讨其所提供的各项创作功能，我们将展示在不同创作场景下，如何巧妙运用这些工具，打造出既富有创意又极具个性化的图片作品。

案例实战

01　打开文心一格官网后，单击右上角"登录"按钮，登录百度账号。该网站需要登录才可使用，登录后即可使用文心一格进行图片创作，如图8-10和图8-11所示。

图8-10

02　在创意栏里输入你的创意，或者单击下方的推荐词作为参考，如图8-12所示。

图8-11

图8-12

03 选择画面类型、图片比例、图片生成数量、灵感模式，如图 8-13 所示。

04 生成图片。单击"立即生成"按钮，等待片刻文心一格会根据输入的提示词生成图片，文心一格最多可一次生成 9 张图片。但需要注意的是，文心一格的图片生成需要电量，电量可通过任务或充值获得，如图 8-14 所示。

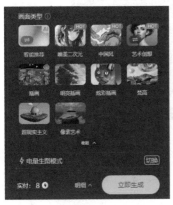

图 8-13

图 8-14

8.2.2　自定义模型

文心一格的自定义模型功能赋予用户图片创作以独特风格和个性化体验。在创作过程中，通过运用这些模型并结合自定义功能，用户不仅能根据需求对作品进行精细调整和优化，还能将个人创意和想法融入其中，实现个性化的艺术表达。这样，作品不仅更具独特性和个性化魅力，还能更好地满足特定应用场景和要求。具体的操作步骤如下。

01 选择自定义模型功能。单击 AI 创作页面中的"自定义"按钮，如图 8-15 所示。

图 8-15

02 上传参考图。单击页面下方"上传参考图"按钮，可以选择"我的作品""模板库"或者"上传本地图片"，如图8-16所示。

图 8-16

03 选择AI参考图。弹出"打开"对话框，在对话框中选择一张需要的参考图，并单击"打开"按钮，如图8-17所示。

04 输入提示词。在文本框中输入描述文字"机器人，人工智能，8k，超高清"，设置AI画师为"创艺"，如图8-18所示。

图 8-17

图 8-18

05 设置图片尺寸、画面风格、修饰词、艺术家效果、图片生成数量。在下方选择修饰词
"蒸汽朋克""高清""cg渲染"，选择图片尺寸为1:1、1024×1024，生成数量为1，单击
"立即生成"按钮，如图8-19所示。

06 利用文心一格提供的编辑工具，对素材进行详细的编辑，如裁剪、调整大小、改变颜色、
添加特效等，可添加文本、贴纸、滤镜等其他设计元素，如图8-20所示。

图 8-19   图 8-20

07 修改提示词调整图像。打开"AI编辑"对话框，在文本框中对画面描述文字进行调整，
单击"立即生成"按钮，如图8-21所示。

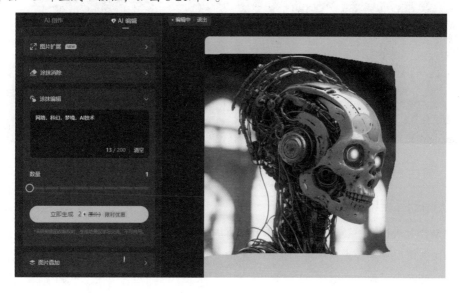

图 8-21

08　根据设计需求，使用图片叠加功能，调整图片元素后单击"立即生成"按钮，如图 8-22 所示。

图 8-22

09　完成编辑后，可导出图片，如图 8-23所示。

图 8-23

8.2.3　人物动作识别再创作

　　人物动作是表达情感、传递信息的重要元素。借助文心一格提供的人物动作识别工具，艺术家和创作者可以从图片素材中准确识别和提取人物动作，进而捕捉并再创作这些动作，为作品注入新颖的视觉元素和动态美感。同时，这一工具还帮助创作者快速、准确地获取所需的动作素材，从而显著提升创作效率。具体的操作步骤如下。

01 单击主界面左上角的"实验室"选项卡后，单击"人物动作识别再创作"按钮，如图 8-24所示。

图 8-24

02 查看操作示例。"人物动作识别再创作"功能可以识别人物图片中的动作，再结合输入的描述词，生成动作相近的画作，如图 8-25所示。

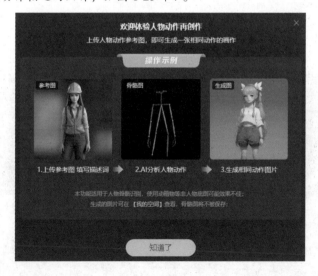

图 8-25

03 上传人物动作参考图，在文本框中输入描述词"一个放学回家的女孩，穿着灰色卫衣戴着帽子，戴耳机听着歌，边走边踢路边的石头。"单击"立即生成"按钮，如图 8-26所示。

图 8-26

8.2.4 海报

　　文心一格拥有丰富的素材库和强大的编辑功能，让设计师能够轻松从零开始设计一张既具吸引力又富有创意的海报。该平台提供了多样化的创作元素和工具，使设计师得以自由挥洒创意，将独特的想法和概念以海报的形式生动呈现。这种创意表达方式不仅提升了海报的艺术价值，更能打造出具有强烈视觉冲击力的作品，从而加深观者对海报所传达信息的理解和记忆。具体的操作步骤如下。

01 单击"海报"按钮，选择排版布局为"底部布局"，方向为"竖版9:16"、海报风格为"平面插画"，如图 8-27所示。

图 8-27

02 输入描述词。在海报主体文本框中输入描述词"在蓝天白云底下，身强体壮的人在足球场上踢足球进行足球比赛"，海报背景文本框中输入描述词"体量庞大的体育馆，绿油油的草皮"，选择图片生产数量为4，如图8-28所示。

图 8-28

03 预览最终效果，如图8-29所示。

图 8-29

8.2.5 艺术字

艺术字作为一种独特的视觉元素，能够为文本增添美感和艺术气息。通过文心一格进行艺术字创作，设计师不仅可以激发自己的艺术灵感，还能将个性和创意融入字体设计中，创作出既富有创意又充满美感的字体样式，进而提升作品的整体艺术审美价值。以下是使用文心一格进行艺术字创作的具体步骤。

01 单击"艺术字"按钮，中英字选项为"中文"，字体布局为"自定义"，字体大小为"大"，字体位置为"居中"，排版方向为"单排横向"，如图 8-30 所示。

02 在汉字文本框中输入汉字"冰淇淋"，字体创意文本框中输入描述词"清晰立体，夏天，透明质感，梦幻冰沙，创意，多巴胺"，影响比重为1，比例为"方图"，生成数量为1，单击"立即生成"按钮，如图 8-31 所示。

图 8-30　　　　　　　　　　　　　　图 8-31

03 预览最终效果，如图 8-32 所示。

图 8-32